U0274460

Intelligence Revolution

智能化浪潮

正在爆发的第四次工业革命

张江健　著

化学工业出版社

·北 京·

正在到来的第四次工业革命，是继机械化、电气化及信息化之后的一次大规模的智能化浪潮，将对人类生产、生活方式产生革命性的影响。

本书以时间为主线，采用历史案例＋未来趋势解读的形式，全面介绍第四次工业革命涉及的各个技术领域发展趋势，包括时下最热门的人工智能、无人驾驶、VR/AR、工业4.0、共享经济等；深入讲解人类科技发展历史的总体趋势，通过众多典型历史案例总结出人类科技发展的核心驱动力是信息、能源、交通"三驾马车"规律，从全球视角解读科技大趋势，激发人们对科技创新规律的思考。

本书中心思想明确，观点新颖，内容通俗易懂，非常适合关注科技创新的互联网从业者、风险投资人、传统企业家以及股市投资者等阅读。

图书在版编目（CIP）数据

智能化浪潮：正在爆发的第四次工业革命／张江健著．—北京：化学工业出版社，2017.8

ISBN 978-7-122-29681-8

Ⅰ．①智… Ⅱ．①张… Ⅲ．①人工智能 Ⅳ．①TP18

中国版本图书馆CIP数据核字（2017）第101054号

责任编辑：耍利娜　　　　　　　　　　装帧设计：尹琳琳
责任校对：王素芹

出版发行：化学工业出版社（北京市东城区青年湖南街13号　邮政编码100011）
印　　装：北京新华印刷有限公司
880mm×1230mm　1/32　印张11　字数222千字
2017年9月北京第1版第1次印刷

购书咨询：010-64518888（传真：010-64519686）
售后服务：010-64518899
网　　址：http://www.cip.com.cn
凡购买本书，如有缺损质量问题，本社销售中心负责调换。

定　　价：46.00元　　　　　　　　　　　　　　　版权所有　违者必究

序一

马继华

达睿咨询创始人
资深电信分析师、《大数据思维》作者
百度百家专栏点击量最高作者
2009 年网络影响力人物
2009 年通信产业年度 10 大博客
腾讯科技 2015 年度最具影响力自媒体

智能社会的未来，我们触手可及

自从人类站立起来，对未来的探索就没有停止过，看似简单的双手，因为有了不断创新的工具在握，而变得更加充满力量。

《智能化浪潮》这本书向我们展示了一个长镜头的科技进步的世界，人类文明走过的三次技术革命，直到现在正陆续开启的第四次革命，漫长又短暂的 5000 年，我们享受着文明的成果，也不断在自我超越，追逐着下一个伟大时代的到来。

谷歌的"阿尔法狗"战胜了人类顶尖的围棋选手，让人们震撼于智能化发展的能量，也给我们的社会生活带来了新的期许。很多人已经看到，人工智能会应用于医疗行业，机器人用高存储、高计算、高分辨来消化人类千年的治疗积累，超级医生的出现只是时间问题，这必将带来医疗技术的突飞猛进和人类寿命的进一步大幅延长。

　　在本书中，我们有机会从人类科技的起源开始了解技术进展，从石头变成工具，到青铜、铁器改变人类的生活，然后是煤炭、石油带来的工业革命，接下来，因为牛顿力学、相对论以及量子力学的贡献，人类能够突破地球引力而走近太空，随后而来的计算机科技、互联网，让地球变成了"地球村"，我们实现了"天涯若比邻"的生活。

　　读完这本书，不由得更加感叹人类创造力的伟大。正是在人类一步快过一步的加速奔跑之中，社会更加文明，我们对自身的认知也更加透彻。当适合做箭镞和斧头的石头越来越少的时候，人类发现了比石头更好用的铜、铁、锡；当木头被砍伐得越来越少，石油、煤炭的出产越来越跟不上人类消耗的时候，页岩气、可燃冰逐个在实验室被推向工厂车间；当我们的计算速度跟不上节奏，纸币、算盘已经无力得出结果的时候，电脑、智能手机、VR/AR 等让我们工作生活更加方便快捷。

　　与此相关的，我们人类自身也在成长。我们没有因为钢铁的出现而自身骨骼变得酥软，相反现代人比古人更高更壮；我们也没有因为计算机的出现而变得头脑简单，相反，我们可以开发出火星车、深潜器、卫星可视电话，也能享受到 3D 电影、VR 游戏甚至远隔千里的肌肤相亲。智能社会来了，人类是受益者，不是失败者。

当我们了解了这些历史，就会猛然发现，我们完全没有必要对人工智能心生忌惮，甚至认为机器人会干掉人类。不管技术如何变迁，机器人永远都是人类设计、制造的工具，强大的计算能力和更好的适应性，也会帮助人类更好地生活、生存和发展。人类的威胁永远只是自己，至少现在看来是这样的。

随着智能化社会的到来，我们将生活在高度自动化的家庭中，你的冰箱会了解你的喜好，并为你提前备好食材；你的办公桌会提醒你代办事项，也许还可以帮助你出谋划策；高速的公路、铁路和智能化的飞行器，都在让我们拥有前所未有的超能力。

我们很幸运，生活在这样一个高度智能化的时代。我们很自豪，正在为后人创造更加智慧化的星球。我们很喜悦，因为这本书结交了这么多好朋友。

马继华

2017 年 6 月 26 日 于北京

序二

朱翊

逐一传媒创始人
知名科技博客作者、微博签约自媒体
2012 年中国互联网十大评论分析师
2013 年中国互联网风云榜百强自媒体
2014 年搜狐 IT 月度最具影响力自媒体人

智能化：与世界相拥的新潮流

20 年前，IBM 公司研制的"深蓝"电脑击败国际象棋大师卡斯帕罗夫的时候，举世一片哗然；20 年后，谷歌 DeepMind 推出的"阿尔法狗"击败世界围棋冠军柯洁的时候，举世又是一片哗然。这两起性质、结果均趋于一致的对战虽然跨越了 20 年时间，但大众的"哗然"心态却是惊人一致——以计算机为代表的人工智能，会在未来完全碾压人脑的智慧吗？

❶

智慧，是人类完全有别于其他生物种群的最主要特征。而人类的智慧始于认知革命，《智能化浪潮》这本书详细介绍了认知革命如何让人类变得越来越有智慧。

在长达数百万年的发展过程中，人类因为生存而不断适应环境的进化，使得人类本身的智慧也在不断增长和迈进。从早期的改造工具、制造工具到目前的创造工具，人类在这段漫长的进化历程中革新了一个又一个文明里程碑。在今天，人类学会了用信息技术、自动化、智能化等方式代替传统的手工方式，人类的文明进程正在被推向一个新的高度。

在这种漫长而又枯燥的进化过程中，无论是改造工具还是提升效率，人类的智慧无时无刻不在发挥着巨大价值。

与其他生物种群相比，人类的智慧使人类得以主宰这个星球，甚至在未来的漫长时光里，人类的智慧也将决定世界的归属。

换句话说，人类的智慧是这个星球无与伦比的、最具价值的稀缺物，它的存在决定着这个星球的最终走向。

❷

人类的智慧决定着世界的归属，但人类的智慧却又必须依托人类的肉体而发挥价值。

相较于其他生物种群而言，人类的肉体在这个星球上孱弱不堪……不过，在直面这个最无力的问题上，聪慧的人类智慧地想出了借力的有效方法——即通过人脑的智慧创造与优化生产工具，使得人类的创造需求不再只依赖肉体本身，而是通过借力其他工具完成肉体所不能完成的任务。

比如，用高速交通工具解决人类的出行问题，用电话实现相隔千里两地之间的信息沟通。

再比如，用机器人代替工厂流水线上的工人，等等。

这种通过第三种方式和载体解决人类肉体本身无法胜任的工作，是人类在发挥智慧能力方面的最直观体现。

以智慧为介质，通过智慧调配资源解决问题，这也是人类智慧在凸显价值方面完全与众不同的又一特征体现。

❸

"深蓝"和阿尔法狗，是人类推出和创造的智慧型机器人。

它们的"职业使命"是与人类下棋——在下棋之前，它们均学习了人类的象棋和围棋规则，并通过它们自身强大的运算与分析系统，实现了在与人类的交战中寻找胜利点的计算逻辑。在与人类棋手下棋的过程中，它们学会了如何选取更优的下法，并且也会在对战结束后通过数据分析计算学习对方的优点。

但除此之外，它们并未产生任何"职业使命"之外的影响。

这就意味着，以"深蓝"和阿尔法狗为代表的人工智能，本是基于人类智慧需求而被创造的产物，它们的诞生和成长学习过程，都是人类赋予其资源输入方式；如果没有人类的资源辅助输入，它们不可能会轻易击败任何一个世界级冠军高手。

因此，以"深蓝"和阿尔法狗为代表的人工智能，目前并不会造成与社会的对峙，反而是利用其自身特点，帮助人类不断超越。在这个现象上，人工智能帮助人类突破肉体的效率极限，继而创造更大的需求价值，这是目前人工智能存在的普遍事实。

❹

　　"深蓝"与卡斯帕罗夫、阿尔法狗与柯洁的对战早已结束，但人们发现人类虽然败给了这些"人工智能"，但人类的水平反而更有了长进，而此前让人担心不已的"人工智能碾压人脑智慧"的事情却完全未发生。

　　而且，被应用在其他领域的人工智能，反而在帮助与改造人类肉体所不能企及的行业……

　　人工智能并不会完全碾压人类智慧，反而更容易帮助人类改进效率。

　　这或许才是人工智能的发展方向。

❺

　　改进人工智能、优化人类目前的各种瑕疵，这是人工智能与人类和谐相处的最好体现。

在这本《智能化浪潮》著作中，作者运用了无数案例和实证的方式，向读者介绍了智能化浪潮的价值取向；通过这本书，大多读者均能对智能化发展脉络有更清晰的认识；这本书，也是当前为数不多的深度解读智能化趋势的最佳书籍之一。

就目前的情形来看，智能化浪潮的趋势已经不可阻挡，但在这股大潮面前，我们更应敞开心扉，拥抱人工智能，使之与人类更加和谐相处，而不是动辄就担心人工智能会不会碾压人类智慧。

毕竟，与世界相拥的方式，从目前来看正是智能化潮流与人类社会未来发展的必然方式。

朱翔

2017 年 7 月 6 日于北京

前　言

未来已来，并且正在流行

种种迹象表明，当前全球新一轮科技革命和产业变革浪潮正汹涌来袭，并且势不可挡，对于每个国家与个人，既是机遇也是挑战。然而很多人很疑惑，第四次工业革命究竟是什么？是工业4.0、人工智能、互联网＋还是能源互联网？不同人对这个问题往往有不同的见解。实际上，前三次工业革命的影响并不仅仅局限于制造业或者能源领域。比如蒸汽机的发明带来了火车和轮船的诞生，从而推动了铁路、港口、钢铁等产业的快速增长；内燃机及电力的问世催生出汽车及电器产品，带动了公路、电网等基础设施投资；计算机及互联网的发明和广泛使用推动了半导体、软件及电子商务等信息技术产业的爆发。因此，工业革命应该是对某一时期重大技术革命影响过程的概括，它带来的将是一场社会大变革，影响生产、生活的方方面面。而正在到来的第四次工业革命，将是近代人类文明继机械化、电气化及信息化之后的一次大规模的智能化浪潮，将对人类生产及生活方式产生革命性影响，从而为人类文明揭开全新的一页。

科技进步是人类文明不断前进的根本动力。人类要想改造世界，让世界变得更美好，就需要获取信息来不断提升自身的认知能力，因而需要信息技术。人类改造世界的过程需要能源作为动力，要实现资源的空间转移就需要交通运输。因而，信息、能源及交通就构成了人类科技发展的"三驾马车"，这是人类科技发展的核心驱动力。纵观几千年来人类科技发展史，它既是一部信息革命史，也是一部能源革命史，更是一部交通革命史。人类为了满足自身生存发展需要就产生了医疗、教育、住房、零售等各个行业，同时在各行各业中起到中介作用的金融服务也应运而生，后者甚至成为现代经济发展的血脉。

根据《财富》杂志发布的 2016 年世界 500 强榜单数据，经过统计分析，我们惊讶地发现，世界 500 强可以划分到信息技术、能源技术、交通技术范畴的企业一共有 196 家，大约占 500 强企业的 39%。其中，500 强排名前 10 的企业里面有 6 家能源企业、2 家交通企业、1 家信息技术企业，而排名前 100 位的企业中有 44 家属于这三个领域。可见，科技发展"三驾马车"依然在今天的全球经济中扮演着重要角色。

人类科技发展史首先是一部信息革命史，人类认知能力的提升是进行科技创新的前提。人类社会至今大概经历了五次认知革命，分别是：语言革命、文字革命、印刷革命、通信革命及信息革命，每一次认知革命都让人类的认知能力出现飞跃，新的科学理论及科学技术不断涌现，从而更好地认识世界和改造世界。数十万年前语言革命加速推动人类从动物种群中分离出来，成为独特的智慧生物，人类的经验可以被传承下来，人类出现第一次认知飞跃，人类开始进入狩猎采集时代。5000多年前文字革命使人类的经验、方法可以被固化下来成为知识，并且方便传承到下一代，知识也向不同地域扩散，有文字记录的人类文明由此诞生。15世纪中期活字印刷革命使人类获取知识的门槛大幅降低，知识开始大范围传播，科学与技术快速兴起，人类认知能力出现第三次飞跃，工业文明开始萌芽。19世纪末电信革命让人类远距离沟通方式从单向的书信邮递往双向的电报电话转变，信息媒介也从原来的书籍报刊向广播电视迁移，信息传播效率大幅提升，人类进入电子通信时代。20世纪中后期计算机及互联网带来的信息革命使人类知识实现了数字化及虚拟化，并且开启了知识共享新时代，出现信息爆炸。进入21世纪，随着云计算、大数据、物联网及人工智能等新兴技术的快速发展，人类的认知能力终于有机会突破自身的生理局限，对于更加微观和宏观的世界将有更深层次的认识，人类正迎来第六次认知革命，认知能力将再次飞跃，从而最终进入到智能化时代。

纵观近代工业革命 200 多年来人类科技发展历史，过去人类无意识地经历了三次产业革命，而正在到来的第四次工业革命最大特点是人类有意识地采取相应措施推动、引导和加速新产业革命的到来。近十年来，世界主要工业化国家都非常密集地推出各种产业政策，提升本国在一些新兴战略产业领域的全球竞争力，以争取未来技术主导权。与过去三次产业革命类似，第四次工业革命产生技术突破性创新的领域也主要集中在新一代信息技术、新能源及新交通技术领域，同时还在衍生的新材料、生物医疗等多个方面有所体现，具体表现为人工智能、VR/AR、5G 通信、工业 4.0、新能源汽车、无人驾驶、可再生能源、石墨烯材料、基因测序等细分技术领域。

科技无国界，这里没有战争史、政治史，只有全球科技发展史。人类数千年文明世界，多少宫殿庙宇灰飞烟灭，多少帝皇领袖更替，但是唯有科技文明、思想文化得以世代传承，最终造福千秋万代。当每个人都处在历史的洪流中就很难看清趋势，不妨跳出来，站在岸上换一个角度去观察、去思考。也许这样更容易看清时代大趋势，看到历史从何而来，将往何处而去，从而真正把握时代的机遇。

人类将往何处去的问题，往往会在人类从何处而来中得到启发，科技发展的未来走向也不例外。通过回顾历史，审视当下，有助于我们每个人更好洞察未来。未来已来，并且正在流行，它就是正在掀起的智能化浪潮。

———————

致　谢

本书在写作过程中得到了很多专家学者及科技自媒体朋友的关注与支持，在这里特别感谢中国科学院大学吕本富教授、东南大学吕乃基教授、广东工业大学刘明珍教授、北极光创投姜皓天、人工智能专家顾嘉唯、硅谷华人工程师董飞、国融证券刘锐为本书初稿提出了许多宝贵意见及建议。感谢马继华、朱翊两位资深科技自媒体人为本书倾情作序，感谢杨子超、徐曦、丁道师、朱翊、杨静、丁海骛、刘锋、庄帅、慕容散、韩永旭、罗超等数十位知名科技自媒体人为本书写推荐评论，感谢百度百家平台为科技自媒体作者提供内容展示及作者交流机会。

同时，非常感谢我的家人、朋友对本书提供的帮助与支持，他们包括雷国东、余栩斌、刘思绮、徐星、叶佳萍、彭文静等。也十分感谢本书责任编辑要利娜以及化学工业出版社的各位同仁，他们为本书出版提供了专业的指导与帮助。最后，衷心感谢本书参考文献相关的作者，正是他们的创作贡献才让本书内容更加充实完整，感谢为本书做出努力的所有人。

张江健

2017 年 2 月于深圳

名人大咖鼎力推荐

吕本富

中国科学院大学经管学院教授、博士生导师
国家创新与发展战略研究会副理事长
中国信息社会 50 人论坛成员

　　推荐语：判断未来的职业是否受到人工智能的影响，已经成为大众关心的热门话题，智能化大潮已经波及普通人。本书从历史的深度、四个层面分析了智能化大潮对产业、社会结构的影响，很有启发性，也是观察智能化的一个完整坐标系，不妨读一下，也许在未来的职业生涯中，可以让你少走弯路。

姜皓天

北极光创投董事总经理
北极光创投基金管理资产总额超 100 亿元
北极光创投投资案例包括美团网、华大基因、酷我音乐、蓝港互动等知名企业

　　推荐语：《人类简史》讲述了人类通过认知革命实现了大规模协作，最终跃居生态链的最顶端，成为万物的主宰。《智能化浪潮》讲述了人类通过数次认知革命不断推动信息、能源及交通领域的技术革新，开创了一个又一个伟大时代，最终改写了历史进程。这是很接近《人类简史》的一本科普著作，值得大家关注。

顾嘉唯

物灵科技创始人 &CEO
前百度人工智能研究院人机交互负责人
前微软研究院研究员

推荐语：数据是生产资源，互联网是基础设施，人工智能就是生产工具，它将对人类文明和产业变革产生重大影响。回顾历史，桌面电脑 PC 时代的三类杀手级产品是电子表单、桌面操作系统、互联网浏览器；移动 Mobile 时代则是社交通信、支付交易、出行定位。我们即将进入下一个时代，这是一个不可避免的智能时代，人机交互的下一轮革命就在眼前；和物灵科技一起，将灵性的 AI 产品带入家庭生活，人机共生的灵性世界不是用机器人来取代人类，而是赋能予人。

董飞

硅谷知名华人工程师
毕业于南开大学及美国杜克大学
曾就职于酷迅、百度、Amazon、LinkedIn、Coursera 等知名企业

推荐语：工业革命是人类发展史上重要的里程碑，本书从历史中探寻技术进步和社会变革，而重点又放在正在到来的第四次工业革命。作者不仅仅提出智能化的方向，而且分别讨论了大数据、人工智能、虚拟现实、工业 4.0、无人驾驶等在各个领域掀起的革命，通过鲜活的案例给读者展现了令人激动的未来。不论是理论性、趣味性、前沿性，该书都是一本难以错过的读物。

《智能化浪潮》让人站在时间的维度上看尽人类千百年来科技发展的进程，从中洞悉科技发展的大趋势。同时，本书将当前热门的人工智能、大数据、工业4.0、无人驾驶、新能源汽车等前沿技术做了全面系统的介绍，对关注资本市场行业投资机会的机构投资者以及高净值投资者是一部很好的参考读物。

——刘锐（国融证券广东分公司总经理）

人类正进入有史以来最伟大的智能革命时代，最具颠覆性，甚至可能成为人类最后的社会变革——未来的世界革命，将由人类与机器共同推动。因此，参与智能化浪潮，投身中国AI+，将成为我们这个时代的主题曲。

——杨静（新智元创始人、中国人工智能学会社会计算
与社会智能专业委员会秘书长）

人类从来没有任何时候，像今天一样对未来充满期待。更新迭代越来越快的科学技术，让我们第一次觉得，未来不仅可以预期和掌握，而且它就在不远的前方，触手可及。《智能化浪潮》这本书，会让你了解，在未来，科技如何让人类自身的生活变得更加美妙，以及如何让整个人类社会都会变得更有秩序、更理性、更有活力。

——丁海骜（《数字商业时代》杂志副主编）

这是一本"工业革命简史"，也是一本"未来学"著作，通过这本书我们可以感受到历史上每一次重大技术突破给人类社会带来的巨大震撼，也能近距离感知当前的智能

化世界。时代的车轮滚滚向前，翻开本书，就是翻开一个崭新的智能科技时代。

——余栩斌（广州证券财富管理中心区域总监）

预见未来，我们需要了解历史，甚至是研究这个领域的起源，以互联网、人工智能、脑科学为代表的科技浪潮涌起的今天，如何看待智能化带给人类社会现在和未来的影响。《智能化浪潮》带给我们同时具有高度、广度和深度的视角。

——刘锋（计算机博士、《人工智能学家》主编、《互联网进化论》作者）

每一次人类进步都由脉冲式的科技革命带来，《智能化浪潮》记载了人类的四次跳跃，沿着这个上升通道，未来科技给我们这个物种带来的惊喜，已经远远突破了想象。

——徐曦（对外经济贸易大学研究员、《机器70年》作者）

很多年轻人进入互联网、风投和科技媒体领域工作，首先要学习互联网的发展历史，因为只有了解历史，才有预判未来趋势能力的基础。

——杨子超（超声波创始人、知名科技自媒体人）

《智能化浪潮》把复杂的智能未来趋势通过简洁易懂的语言和案例阐述出来，不仅仅适合专业人士参阅，普通大众读者也可以透过本书，一窥智能化的未来给我们生活、工作带来的改变。

——丁道师（原速途网络执行总编兼速途研究院院长、知名科技自媒体人）

智能化浪潮注定比我们想像中更快到来，这本书汇聚了非常多有价值的内容并做了深度的思考、评述，让读者能够更系统化地认识智能化浪潮的历程和未来的发展路径，以及面对智能化浪潮个人与企业应该如何应对。

——庄帅（中国电子商务协会高级专家、《商性》作者）

本书从几个不可或缺的层面去采撷人类科技进化史中每一朵革命性突破的"浪花"，再现了各种要素聚合发酵而成的历次工业革命中推动人类历史进程时掀起的"浪潮"。本书从过去着笔，由现实着力，于未来着眼，最终向读者展示的，是作者对于智能化浪潮将推动人类社会走向何方的思考和判断。这是一部适合年轻人阅读的科技简史，更是一本呼唤未来的革命宣言，对那些信仰科技、崇尚科技、对未来充满好奇的年轻人而言尤为如此。

——慕容散（财经专栏作家、资深媒体人）

作为一名资深的TMT分析师，作者在本书中用他多年的行业观察经历、夯实的案例研究经验，从理论、实践到模型分析的方式多角度地剖析、验证了智能化趋势对产业发展的长远影响，对智能化创业有着重要的启发意义。通过这本书，读者不仅可以了解到智能化浪潮在过去的发展脉络，而且还能对智能化未来的发展趋势更深入洞察与展望，更能为智能化创业者、投资者、媒体等领域从业人员提供指导及帮助。

——朱翊（逐一传媒创始人、知名科技博客作者）

在阿尔法狗战胜最聪明的人类后，人工智能已从单纯的智力游戏进入到社会方方面面。不只是科技公司，传统企业、教育机构、科研院所等都在积极地拥抱这样的变化。这个会改变每个人的"智能化浪潮"值得每个人关注。

——罗超（雷科技创始人、知名科技自媒体人）

更多名人大咖推荐语
请关注"读懂趋势"公众号查看

第一篇　工业革命前传　001

人类从猿人向智人的进化过程，本质上也是生产工具石器化的过程。人类社会继石器时代后，先进入青铜时代，然后进入铁器时代，又经历了一个生产工具从石器化到金属化的过程。

第二篇　工业革命简史　033

纵观近代以来人类科技发展史，它既是一部信息革命史，也是一部能源革命史，更是一部交通革命史，信息、能源、交通构成了人类科技发展的"三驾马车"，成为人类科技发展的核心驱动力。

第三篇　第四次工业革命——智能化浪潮　089

正在到来的第四次工业革命，将是近代人类文明继机械化、电气化及信息化之后的一次大规模的智能化浪潮，突破性创新将主要集中在新一代信息技术、新能源及新交通技术三大领域。

第六章　大数据掀起新认知革命 - 090

目录

目录

第四篇　科技创新与经济增长　269

科技无国界，当前全球新一轮科技革命和产业变革浪潮正汹涌来袭，并且势不可挡，对于每个国家与个人，既是机遇也是挑战。

Intelligence Revolution

01

人类从猿人向智人的进化过程，本质上也是生产工具石器化的过程。人类社会继石器时代后，先进入青铜时代，然后进入铁器时代，又经历了一个生产工具从石器化到金属化的过程。

第一章
采集狩猎时代——石器化浪潮

石器砸出来的人类时代

　　人类是地球上一种独特的生物，人类文明的演进过程实质上是认识自然和改造自然的过程。制作和使用工具是人类改造自然的第一步，而人类最早制造和使用的劳动工具就是石器。人类最初的石器工具属于打制石器，也就是将石块打碎，然后挑选形状合适的碎片当做砍砸工具、刮削器、手斧等。人类制作和使用石器工具标志着石器时代的来临。根据不同时期石器工具的变化，通常也把石器时代划分为旧石器时代与新石器时代两个阶段。石器时代是人类祖先从猿人进化到现代智人的过程，直到青铜器出现，共经历了二三百万年。现今发现的最早的石器工具出土于非洲的肯尼亚，距今大约有 260 万年。

在距今 200 多万年前的旧石器时代早期，人类的祖先（也就是猿人）通常使用"以石击石"的办法来制作石斧和石刀等工具，并将它们用来挖掘植物、袭击野兽，这时的石器成为一种万能的工具。当进入到距今 15 万年前的旧石器时代晚期，此时人类已经从猿人进化到现代智人，他们的石器比较复杂，打制技术有很大提高，加工也比较精细，一些石器工具有了木柄或者骨柄。大约距今 1 万年前，人类进入新石器时代，这时的石器已经出现了穿孔和磨光技术，石器的类型也更丰富，不同的石器工具用于不同的用途。新石器时代最具代表性的石器工具是石刀、石斧、石铲和石镰等，它们被用于采集植物、狩猎动物以及捕鱼等，甚至被用于原始的手工业和农业。

新石器时代的石斧

以 1 万年前农业革命出现为标志，人类之前所经历的时代被称为采集狩猎时代，这是历史研究中最早的人类时代。采集狩猎时代人类生产工具最大的特征就是石器化，通过制作出越来越精良的石器工具来提升改造自然的能力，从而推动了生产力的进步。

语言掀起人类认知革命

人类本质上是动物的一个分支，早期的人类祖先与其他动物没有太大差别，但是后来人类的历史却与其他动物有越来越大的差异，为什么会是这样呢？这是一个很根本性而又很复杂的问题，科学家一直在寻找更加令人信服的答案。有科学家认为，人与动物的明显区别包括：人类能够制造和使用工具；人类能够两足直立行走；人类有独特的大脑结构，能够思考，能够记忆；人类能够用火并学会人工取火。遗憾的是，随着对灵长类动物研究的深入，科学家发现黑猩猩也具备人类的很多特征，比如黑猩猩能够制作长宽合适的树枝来吃白蚁，黑猩猩也能够直立行走，而且黑猩猩还具有跟人类近似的大脑结构，可以进行简单的思维判断，具备短暂的记忆能力。尽管人类最早用火的时间目前还难以确定，但是从考古发掘可以推测大约数十万至 100 万年前的早期猿人已经有使用火的痕迹，而这个时间要比现代人类（即智人）的诞生要早很多。

从目前来看，人类与动物最大的差异是语言的使用，这可能是人类将其他动物远远甩在身后的根本原因。尽管许多动物都能通过多种方式与同类交流并传递信息，但是人类是当今世界已知的唯一可以使用语言符号进行交流的生物。语言是人类特有的文化系统，可以承载复杂的信息内容，是古代人类信息交流的主要工具。尽管许多动物也会发出声音，比如狼群可通过叫声来实现协作，青猴可通过不同的叫声来提示各类风险，但是动物的叫声包含的信息非常有限，更无法承载经验知识，因而动物的叫声严格来说无法称之为语言。同时，有些动物能在人类训练下发出人类一样的声音，但是也不是严格的语言，因为动物无法理解其中的真实含义，也无法自我扩展语言能力，只能做简单的条件发射，比如经过训练的鹦鹉。

语言发明的历史，几乎同人类发展的历史一样久远，它至今仍为我们人类所使用。由于语言是以非实物形式存在，科学家至今没有找到人类最早使用语言的确切证据，但是可以确定的是语言的出现要比图形符号出现早。科学家在欧洲发现4万年前人类最古老的洞穴壁画，图形符号的形成显然要比语言复杂而且可能需要语言来辅助解读。可以想象，最初可能是某个猿人偶然发现了某种新事物或者新现象，于是用一组特定的声音和动作来表示这个事物，随后被越来越多的同伴模仿，最后形成一个群体的通用语言。语言的发明最初满足了人类生活中信息沟通及群体协作的需要，后来又成为了经验知识传承的主要工具。语言的使用更促进了人类大脑的思考，让人类变得更有智慧。语言的口口相传可以让人类经验知识得以积累，这种"群体学习"的积累过程让人类拥有适应不断变化的自然环境的能力。可以说，语言的使用让人类加速从动物种群中分离出来，成为推动猿人进化成现代智人的重要影响因素。人类的经验知识通过语言被传承下来，人类出现第一次认知革命，因而语言也被称为人类最伟大的发明。

语言是人类一切科学文明的基础，它在人类发展历史中至关重要，但是语言并不是人类天生具备的能力，而是后天学习的结果。比如，出生不久的婴儿不会说也不会听，主要用肢体及哭声、笑声与父母交流，但是慢慢就要学习开口讲话，学会用简单的语言与父母交流，最后才是学习读书认字。因此，语言也是人类学习的第一要务，是所有学习的基础，只有学会了基础语言才能快速学习其他知识，认知能力才能快速提高。通常每一个民族、每一个国家都有自己独特的语言文化，很多时候是否懂得使用同一种语言成为一个群体身份的象征。比如中国贵州省侗族人的"侗族大歌"，起源于春秋战国时期，至今已有2500多年的历史。"汉人有书记古典，侗家无文靠口传"。侗族人历史上没有文字，其历史人文、伦理道德、风俗民情、寨规古训、农事劳作等都被先人们编成故事来讲，数千年来编成歌谣来世代传唱。

入选"人类非物质文化遗产"的侗族大歌

在语言出现之前，人类的祖先也跟其他所有动物一样，获取食物的经验可能只在很小的群体范围内传播，并且几乎没有知识的积累与提高，这个时期人类社会进步是非常缓慢的，经历了数百万年之久。语言出现之后，人类的很多经验知识可以通过部落长老口述而代代相传，知识可以积累，后人可以向前人学习从而快速提升自己的认知能力。不过，由于人类的生理局限决定了经验知识仅依靠大脑记忆很容易遗忘。因而采集狩猎时代人类的文化传播依然很慢，知识经验传承效率很低，人类认知能力提高也非常慢，生产力发展也快不起来，以致这个时期也至少经历了数十万年，直到农耕时代文字的出现。

相对于复杂的大千世界及神秘的宇宙，目前人类的认知是非常有限的。在14世纪欧洲文艺复兴之前人类十几万年的历史长河中，很多超出人类认知能力而无法解释的事情都几乎会被归到上帝创造的行列里，比如从最早的采集狩猎时代的图腾崇拜，到农耕时期的各类宗教体系。即使到了21世纪，人类认知能力经历了数次大的飞跃，但是今天人类对整个世界的了解依然还处在非常初级的阶段，很多领域人类依然知之甚少。不过，随着科技进步，人类认知能力正加速提升，很多未知的领域正被人类揭开神秘的面纱。

人类开发了最早的能源

从智人诞生的十几万年来，人类认识世界需要不断提升认知能力，人类改造世界则离不开对生产工具及能源的依赖，而人类最早接触的能源是火。火本来是大自然中的一种常见自然现象，如火山爆发会引起大火，雷电能使森林树木产生天然火，外星陨石坠落到森林、草原也可能会引发大火，这些自然火远在人类诞生以前就存在于地球上了。人类的祖先对火的利用带有很大的偶然因素，正是这些偶然的因素让原始人意识到火的价值，然后再加以利用。据科学家推测，原始人最早接触到的可能是天然火，就像大多数动物一样，原始人早期对这种天然的"怪兽"也是恐惧的。但当在一次自然大火过后，原始人偶然尝到经大火烧熟的动物尸体与一些其他食物时，觉得比起生吃的味道更好，而且更易咀嚼和消化，于是开始改变对火的恐惧心态，甚至有意识地去接近火，比如主动去发生火烧的地方寻找食物。就这样，人类的祖先开始变生食为熟食，逐步改变"茹毛饮血"的原始习惯。

自从偶然的机会发现了火的好处，原始人就开始尝试用各种方式利用和控制火，比如将自然的火种带到山洞里保存，用木柴烧火甚至发展到后来的人工取火。当人类学会保存火种之后，火的用途就大大扩展了，从此火就成为人类改造自然的重要工具，也是人类最早的能源利用方式，是继人类学会制作和使用石器工具之后最重要的生产力进步。而人工取火更是远古时代人类的高新科技，这是除人类之外其他动物望尘莫及的技术。制作和使用石器工具是人类的重大技术进步，可有研究表明黑猩猩也会使用简单的石器工具，但是迄今为止只有人类能够人工取火，除人类之外几乎所有的动物都怕火，更别提如何去利用这种天然能源来改造世界。

作为一种人类独自掌握的高新技术，火给人类带来的好处是显而易见的，火的使用使人类的生活方式发生了巨变。古代世界各民族人民都有流传关于火的神话和传说，比如中国古代神话"燧人钻木取火"、希腊神话的"圣火"等。通过火烧烹饪的食物营养更好并且易于消化，从而促进了人类大脑的发育，这是提升人类认知能力的生理基础；烧熟的食物杀死了病菌与寄生虫，营养更容易被肠胃吸收，让人类更少生病，也延长了人类寿命；火还给人类带来了温暖，使人类不仅生活在温暖地带，并且可生活在寒冷地区，从而有利于人类全球迁徙；火还增强了人类的攻守能力，使人类再也不惧怕猛兽的威胁，甚至还能用火来围猎大型猛兽，从而有助于人类爬上食物链的最顶端；人类在长期用火的过程中，发现泥土经过焙烧后变得坚固而不透水，并且还可以依照人们的需要烧制成各种形状的器皿，这就发明了陶器；再后来人类发现有一些石头在火的燃烧下可生成坚硬发亮的物质，于是人类学会了冶炼青铜器。总之，火的使用使人类获得了新的知识、新的力量，改造自然的能力明显提高，生产力也有极大进步。恩格斯因此指出，火的使用在人类的发展过程中是"新的有决定意义的进步"。

在希腊雅典举行的 2008 年北京奥运会圣火采集仪式

火的使用对人类的进化极其重要，也是伴随人类文明最长时间的能源，即使今天科技如此发达，但是人类社会依然离不开对火的依赖。现有的考古证据还无法完全确定人类最早用火的确切时期，但是世界很多地方都发掘出了早期人类使用火的遗迹。有的科学家认为 380 万年前生活在非洲肯尼亚的早期猿人已经开始用火，也有科学家发现了170万年前生活在中国境内的元谋人有用火的证据，还有科学家在距今大约40万年前的北京周口店旧石器时代遗址发掘出大量人类用火的遗迹。尽管科学家对人类最早用火的时间及地点依然争论不休，但是从十几万年前人猿进化到现代智人的时间节点看，人类最早用火很可能出现在数十万年前至智人出现的这段时期。原因是火的使用大大加速了人类的进化，生产力有明显进步，成为猿人进化成现代智人的重要推动因素。比如，在先前数百万年的时间里，人类食物来源主要靠采集和猎杀小动物，但是到40万年前，人类开始猎杀大型动物，然后15万年前智人出现，人类一举跃升至食物链的最顶端，此后包括大型动物在内的大量物种开始在地球上陆续灭绝。毫无疑问，火是人类第一次对自然力量的充分利用，它大大地改变了远古人类的生活及演化进程，最终深刻地改变了整个世界。

人类发明了最早的交通工具

从人类演化进程看，人类祖先最早可能是生活在树上，依靠四肢攀爬，然后又下到地面进化成直立行走的类人猿。人类祖先在长达数百万年间与所有动物一样，都是依靠自身的体力实现空间位置移动，比如依靠四肢爬行或者两腿走路。因此，古代人类的活动范围非常有限，人的一生可能也就在几十公里的区域内活动，因为既没有便捷的交通工具，也不敢轻易离开熟悉的领地到陌生地方去觅食。

直到数万年前的一天，智人也许看到了河边成群的蚂蚁借助树枝、树叶轻松渡过数米宽的河流到达对岸，于是从中得到启发，从此智人就学会了借助森林里大量存在的枯木轻松渡过宽阔的大江、大河，甚至采用同样的方式成功登上荒无人烟的海岛，以便寻找到更多的食物。智人懂得用枯木作船在水面上漂流，终于克服了两腿走路不远的生理障碍，并且第一次学会了使用交通工具，因而人类最早发明的交通工具很可能是船。虽然这种船早期可能简陋到只是河边就地取材的一根能够漂浮的枯木，而后来又学会了制作木筏及中间挖空的独木舟，这已经是人类原始交通时代的开端。

人类最原始的交通工具——独木舟

大约 10 万年前，一些远古的人类就开始走出非洲，向东、向西迁徙到达亚欧大陆的很多地方。由于这些新聚居地自然环境与人类最早生存的非洲大陆相差无几，因而早期的这种人类迁徙并不能说明人类技术有了很大进步，当时人类最重要的技能就是懂得使用石器工具与用火。不过，大约 45000 年前人类又产生了一项重大成就，那就是人类成功迁徙到了澳大利亚。与人类从非洲迁徙到亚洲与欧洲大陆不太一样，人类迁徙到澳大利亚需要克服众多天然障碍，比如需要穿过许多数十上百公里的海峡，还要很快适应当地独特的生态环境。科学家推测，迁徙到澳大利亚的人类很可能学会了如何建造及操纵能在海上航行的船只。因为智人移居澳大利亚后的数千年间，还殖民到了澳大利亚北方许多独立的小岛上，比如布卡岛和马努斯岛，这些岛屿距离最近的大陆有两百公里远。科学家研究发现，大约在 35000 年前就有人类抵达日本，而在大约 3 万年前就有人类抵达中国台湾，这表明人类有能力越过非常广阔的海洋，这在先前的数十万年间都还是不可能完成的任务。这也充分说明，一旦人类掌握了高明的航海技术，那么人类海上迁徙的速度就大大加快，先进的交通工具对人类文明的发展产生重大推动作用。

关于人类迁徙的问题就必然涉及人类起源的问题，这个领域一直以来都存在很大的争议。最早德国动物学家海克尔在 1863 年发表的《自然创造史》一书中主张人类起源于南亚，还绘图表示现今各人种由南亚中心向外迁移的途径。后来英国生物学家达尔文在 1871 年出版的《人类的由来及性选择》著作中指出人类并非神创而是由类人猿进化而来，并且推测非洲是人类的摇篮。目前为止，学术界对于早期人类起源的假说主要分为多地起源说和单地起源说。多地起源说认为，人类由分布亚非欧各地区的猿人经几十上百万年分别进化而来；单地起源说则认为，人类的共同祖先起源于非洲，然后经过大迁徙而分散到世界各地。

尽管早期通过考古发掘的古人类化石一定程度反映出数百万年前

人猿广泛分布于亚非欧大陆的迹象，但是 20 世纪 90 年代前后，通过基因检测技术收集到越来越多的支持单地起源说的证据。1987 年，美国科学家华莱士和威尔逊分别带领两个实验室，检测取样于全球各地不同族群的细胞线粒体。线粒体存在于细胞质中，它自己有 DNA（脱氧核糖核酸），能够独立复制，代代相传，是一种很好的遗传标记。通过分析其中的遗传物质 DNA，研究小组吃惊地发现，现代男性都有一个共同的祖父，他生活在大约 15 万年前的非洲；而现代女性的基因都来自一个共同的祖母，她也同样生活在大约 14.8 万年前的非洲。该研究小组通过进一步的研究得到结论认为：现在全世界人类都来自非洲，拥有一个共同的祖先，大约 5 万～ 10 万年前迁徙扩散到亚洲和欧洲；而生活在中国的原土著——蓝田人、元谋人、北京人都在非洲人抵达前就灭绝了，他们没有留下后代。

人类最早的手工产业

人类祖先最早用兽皮和树叶围在身上用来御寒保暖，这是满足生存的需要。在旧石器时代晚期，人类已会用兽皮缝制衣服，其中不可缺少的工具是骨针。考古学家在距今约 18000 年的北京山顶洞人遗址发现了骨针，这是今天世界上发现的最早的缝纫工

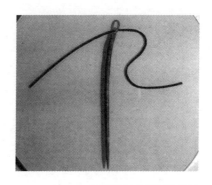

"山顶洞人"磨制的骨针

具，表明当时的人类祖先已经会用骨针将兽皮缝制成衣服。

从考古发掘的遗迹推测，旧石器时代晚期智人生活的十多万年间创造了原始社会的服饰，用骨针缝制的兽皮以及骨锥扎叶、藤皮长草编织的衣服。进入到新石器时代后，人类逐步掌握了制造皮革以及纺织麻、棉、编织等技能，原始服饰有了重大的进步，相当于人类最原始的手工纺织业由此萌芽。

纺织业是为了满足人类自身生存需要发展起来的产业，也是最古老的手工产业，从采集狩猎时代诞生到农业时代、工业时代，纺织业在经济中都占据着重要地位，尤其是在农业经济时代更有"男耕女织"的说法。纺织业在古代往往成为一个国家与地区的支柱产业，比如古代中国的丝绸、古印度的棉纺布料在当时都曾经闻名世界。中国的"丝绸之路"就是从公元前114年至公元127年间，中国与中亚、中国与印度间以丝绸贸易为媒介的这条西域交通道路而得名。

第二章
农耕时代——金属化浪潮

文字出现掀起知识革命

在文字出现之前的采集狩猎时代，人类传递信息的主要方式是靠语言，也就是口头交流，很多有价值的捕猎经验和方法只能靠部落里的族人口口相传，知识的传播和传承效率是非常低下的。也就是说，没有文字，就没有人类文明的记载，更没有知识的快速积累与高效率传承，人类生产力的进步也相当缓慢，从采集狩猎时代过渡到后来的农耕时代，人类大约经历了15万年。

大约在公元前3500年，生活在美索不达米亚平原（现今的伊拉克境内）的苏美尔人最先发明和使用文字——楔形文字。苏美尔人用削尖的芦苇做笔，把文字刻在泥坯上，然后把泥坯烘干成为泥板。由于这种文字形状成尖劈形，所以被称为楔形文字。考古学家经过挖掘发现大批各种楔形文字泥板或铭刻，19世纪以来被陆续译解。经过研究发现，早期苏美尔人的文字只用来记录事实和数字，比如大约公元前3500年的一块泥板上记录着"29086单位大麦37个月库辛"，这是目前能找到的人类祖先最早留下来的文字记载，这条信息最可能的解读是"在37个月间，总共收到29086单位的大麦，由库辛签核"。比较令人意外的是，人类历史上的第一个文本不是诗歌、法律条文或者医学、农学等知识，反而是记录一些财产、税收等财经内容。可见，随着农业社会的形成，人类的社会关系越来越复杂，经验和方法也许还能够通过口头传授给其他人，但是社会秩序的维护，包括财产、债务、税收、契约等内容如果没有统一的文字很难协调好，因而当时繁荣的美索不达米亚平原才产生了人类最早的文字。

楔形文字泥板

智能化浪潮：
正在爆发的第四次工业革命

在楔形文字发明后的两千年间，楔形文字一直是美索不达米亚平原唯一的文字体系，被两河流域的许多国家所用。到了公元前500年左右，这种文字甚至成了西亚大部分地区通用的商业交往媒介，在经商及文化交往中发挥重要作用。楔形文字的使用让人类进入有文字记录的文明时代，也就是从这个时候开始人类才有有据可查的文字信息。也就是说，在距今5000多年前，人类的祖先已经开始学会使用文字来记载信息，并且主要用来做商业和行政管理。文字的出现使人类的经验、方法可以被固化下来成为知识，可以很方便传承到下一代，因而也掀起了最早的知识革命。文字成为人类智慧和文明的结晶，是人类文化传承、发展、繁荣的重要载体。知识向不同地域扩散，加速了地区之间的贸易，推动人类居住地从零散的村庄向城镇、城市扩张，最终形成了古代强大的帝国。

最先发明和使用文字的美索不达米亚平原，这里后来也诞生了四大文明古国之一的古巴比伦王国。在公元前1776年，巴比伦王国是当时世界上最大的帝国，子民超过百万，统治着美索不达米亚平原大半的土地，包括现代大半的伊拉克地区和部分的叙利亚和伊朗。古巴比伦最有名的就是以当时古巴比伦国王汉谟拉比（约公元前1792年~前1750年在位）名字命名的《汉谟拉比法典》。该法典原文刻在一段高2.25米，上周长1.65米，底部周长1.90米的黑色玄武岩石柱上，石柱上端是汉谟拉比王站在太阳和正义之神沙马什面前接受象征王权的权标的浮雕，以象征君权神授，皇权不可侵犯；下端是用阿卡德楔形文字刻写的法典铭文，共3500行、282条，对古巴比伦王国涉及的刑事、民事、贸易、婚姻、继承、审判等制度都做了详细的规定。《汉谟拉比法典》是迄今世界上最早的一部比较完整的成文法典，在世界法制史上占有重要地位，现存于巴黎卢浮宫博物馆亚洲展览馆。难以想象，3000多年前古巴比伦王国已经开始用法律来治理国家，这对后来西方国家政治宗教涉及的法律文化制度产生重大影响。

汉谟拉比法典石柱

苏美尔人发明的楔形文字对美索不达米亚平原的文明发展产生了重大影响，但是对东方文明古国——中国影响最大的却是汉字。汉字形成系统的文字大约是公元前1600年的商朝，这是中国第一个有直接的同时期的文字记载的王朝。最早的汉字被刻在动物的骨头上和乌龟的龟甲板上，因而也被称为"甲骨文"，它们是从殷商时代遗址发现的中国最古老的文字，被认为是"现代汉字"的直系祖先。甲骨文的发现可以证明中华文明的连续性，几千年以来，中东人都不能解读他们祖先的象形文字，只有中国现代人能读懂一些殷商时期的"甲骨文"。

中国古代四大发明

　　作为东方文明古国，古代中国科技文化水平处于世界领先地位，很多技术发明不但对中国历史进程产生重要影响，甚至深刻影响世界，其中最著名的就是中国古代四大发明：造纸术、印刷术、指南针和火药。有意思的是，从应用领域看，造纸术和印刷术本质上都属于古代信息技术，火药属于能源技术，指南针属于交通技术。从此时开始，我们将会有越来越多的案例可以印证，信息、能源及交通技术构成了人类科技发展的"三驾马车"，成为人类科技发展的核心驱动力，最终改变了人类历史进程。

　　造纸术是中国四大发明之一，人类文明史上的一项杰出的发明创造。大约在3500多年前的商朝，中国就有了刻在龟甲和兽骨上的文字，也就是甲骨文。到了春秋时期，人们逐步用竹片和木片替代龟甲和兽骨刻字，称为竹简和木牍。甲骨和简牍都很笨重，战国时思想家惠施喜欢读书，每次外出游学身后都跟着五辆装满竹简的大车，所以有了"学富五车"的典故。为了方便，到了西汉时在宫廷贵族中又用缣帛或绵纸写字，这样不但比简牍写的内容更多，而且还可以在上面作画，但是价格昂贵，只能供少数王宫贵族使用。

　　东汉时期（大约公元105年），汉朝官员蔡伦在总结前人用丝织品造纸经验的基础上，用树皮、破渔网、破布、麻头等作为原料，制造成了适合书写的植物纤维纸，改进了造纸术，才使纸成为人们普遍使用的书写材料。实际上，世界上最早的纸是埃及的莎草纸，而欧洲中世纪则普遍使用羊皮纸，这两种纸因为原料单一，改进余地有限，被使用多种廉价材料的蔡伦造纸术所取代。从 6 世纪开始，中国的造纸术逐渐传往朝鲜、日本，此后又经阿拉伯、埃及、西班牙传到欧洲的希腊、意大利等地。1150 年，西班牙开始造纸，建立了欧洲第一家造纸厂。此后，法国（1189 年）、意大利（1276 年）、德国（1391 年）、英国（1494 年）、荷兰（1586 年）、美国（1690 年）都先后建立造纸厂。到

蔡伦造纸术示意图

16 世纪，纸张已广泛流行于欧洲各国。中世纪的欧洲，据说抄一本《圣经》要用 300 多张羊皮，书写材料的局限影响了文化信息的传播，纸的发明为当时欧洲蓬勃发展的教育、政治、商业等方面的活动提供了极为有利的条件。

蔡伦的造纸术快速降低了书写成本，大大加速了知识的传播，对人类文化的传播和世界文明的进步做出了杰出的贡献，因而被列为中国古代"四大发明"之一。蔡伦本人千百年来也备受人们的尊崇，被奉为造纸鼻祖。麦克·哈特的《影响人类历史进程的 100 名人排行榜》中，蔡伦排在第七位。美国《时代》周刊公布的"有史以来的最佳发

明家"中蔡伦上榜。2008 年北京奥运会开幕式，特别展示了蔡伦发明的造纸术。

印刷术是中国古代四大发明之一。雕版印刷术发明于唐朝（大约公元 700 年），雕版印刷的过程大致是用刻刀将木板上的反体字墨迹刻成凸起的阳文，同时将木板上其余空白部分剔除，使之凹陷，用圆柱形平底刷蘸墨汁，把纸覆盖在雕版面上，纸上便印出文字或图画的正像。唐朝后期普遍使用雕版印刷术，宋朝时期（大约公元 1045 年）毕昇发明了活字印刷术，但并未普遍使用，毕昇去世后，他的字印被沈括家人收藏，事迹记载于沈括所著的《梦溪笔谈》一书中。活字印刷术是在胶泥块上刻字，一字一印，用火烧硬后，便成活字。在此之前，只有摹印、拓印和雕版印刷，既笨重费力又耗料耗时，不仅存放不便，有错字又不易更正。活字印刷术具有一字多用、重复使用、印刷多且快、省时省力、节约材料等优点，比雕版印刷术经济方便，是印刷技术史上一次质的飞跃。

毕昇活字印刷术示意图

印刷术发明之前，世界上大多数国家文化的传播主要靠手抄的书籍实现。手抄文字费时费力，又容易抄错、抄漏，一定程度阻碍了文化的发展。印章和石刻给印刷术提供了直接的经验性的启示，用纸在石碑上墨拓的方法，直接为雕版印刷指明了方向。中国的印刷术经过雕版印刷和活字印刷两个阶段的发展，对人类文化传播产生重大影响。印刷术的特点是方便灵活、省时省力，是古代信息传播技术的重大突破。印刷术是人类近代文明的先导，为知识的广泛传播、交流创造了条件。中国的印刷术先后传到朝鲜、日本、中亚、西亚和欧洲地区。德国人古登堡大约于1455年发明了金属活字印刷术，使活字印刷术普遍使用，在近代欧洲掀起了一次新的印刷革命。活字印刷术改变了欧洲原来只有僧侣才能读书和接受高层次教育的状况，为欧洲的科学文化从中世纪漫长黑夜之后迎来飞跃发展以及文艺复兴运动的出现创造了条件。因而，活字印刷术的发明是印刷史上一次伟大的技术革命。

指南针是中国古代四大发明之一，中国是世界上公认发明指南针的国家。指南针是用以判别方位的一种简单仪器，前身是司南。指南针主要组成部分是一根装在轴上可以自由转动的磁针，磁针在地磁场作用下能保持在磁子午线的切线方向上。磁针的北极指向地理的南极，利用这一性能可以辨别方向，常用于航海、大地测量、旅行及军事等用途。

早在战国时期，中国就已经根据磁石指示南北的特性制成了"司南"，这是世界上最早的指南仪器。北宋时期，人们发明了用人工磁化铁针的方法制成指南针，并开始应用于航海。南宋时，指南针普遍应用于航海，同时传入阿拉伯，于13世纪初传入欧洲。指南针在航海上进行应用，加速了中世纪欧洲航海事业的繁荣，推动了15世纪末哥伦布发现美洲新大陆的航行及麦哲伦的环球航行，这大大加速了近代世界经济发展的进程。

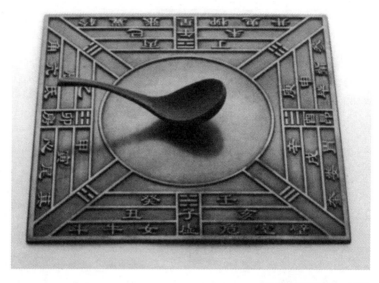

指南针的前身——司南

火药是中国古代四大发明之一，中国是最早发明火药的国家，隋朝时就诞生了硝石、硫黄和木炭三元体系火药，距今已有一千多年历史。火药的研究最早始于古代道家炼丹术，古人为求长生不老而炼制丹药，炼丹术的目的和动机都是超前的，但它的实验方法还是有可取之处，最后导致了火药的发明。火药能够在适当的外界能量作用下，迅速而有规律地燃烧，同时生成大量高温燃气。在军事上主要用作枪弹、炮弹的发射药和火箭、导弹的推进剂及其他驱动装置的能源，是弹药的重要组成部分。

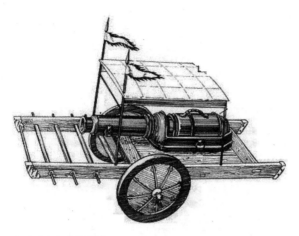

古代应用火药的火器

在 12 世纪，中国火药首先传入阿拉伯国家，然后传到希腊和欧洲乃至世界各地，英法各国直到 13 世纪中叶，才有应用火药和火器的记载。黑火药作为爆炸药和推进剂，一直到 19 世纪中后期才逐渐被无烟火药、三硝基甲苯、旋风炸药等新发明的炸药所取代。火药以其杀伤力和震慑力，既带给人类安全防卫的作用，又让战争变得更加残酷，成为了人类文明重要发明之一。

四大发明对中国古代的政治、经济、文化的发展产生了巨大的推动作用，且这些发明经由各种途径传至西方，对世界文明发展史也产生了极大的影响。2007 年，英国《独立报》评出了改变世界的 101 个发明，中国的四大发明：造纸术、印刷术、指南针、火药及另一发明算盘赫然在列。实际上，四大发明的概念来源于西方学者，并在之后被中国人接受。意大利数学家杰罗姆·卡丹早在 1550 年就第一个指出，中国对世界所具有影响的"三大发明"：司南（指南针）、印刷术和火药，并认为它们是"整个古代没有能与之相匹敌的发明。"1620 年，英国哲学家培根也曾在《新工具》中提到："印刷术、火药、指南针这三种发明已经在世界范围内把事物的全部面貌和情况都改变了。"19 世纪末，来华传教士、汉学家艾约瑟最先在上述三大发明中加入造纸术，他在比较日本和中国时指出"我们必须永远记住，他们（指日本）没有如同印刷术、造纸、指南针和火药那种卓越的发明。"这个四大发明的说法被后来的著名英国历史学家、汉学家李约瑟发扬光大。

烧出来的陶器及冶金工业

早在数十万年前，人类的祖先就学会了用火，这是人类最早利用能源的形式。人类在长期用火的过程中，发现泥土经过焙烧后变得坚固而不透水，并且还可以依照人们的需要烧制成各种形状的器皿，从而发明了最早的陶器制品。陶器通常是指用黏土或陶土经捏制成形后烧制而成的器具。陶器的历史悠久，在古代作为一种常见生活用品，在新石器时代就已初见简单粗糙的陶器。陶器是人类利用火制造出来的第一种自然界不存在的材料，是人类最早利用化学变化创造物质的开端，是人类社会由旧石器时代进入到新石器时代的重要标志，是古代生产力进步的重要体现。

世界古文明发源地都在新石器时代中后期出现过陶器制品。人类发现最早已知的陶器是现今捷克境内的格拉维特文化遗址出土的泥塑人像，可以追溯到公元前 29000 年~前 25000 年，表现为一个裸露女性的形态雕像。中国发现的最早陶器是中国江西万年仙人洞遗址出土的陶器罐碎片，可追溯到公元前 20000 年 ~ 公元前 19000 年。制陶技术经过几千年的发展演变后才有今天的瓷器，至今还广受人们青睐。制陶技术的成熟也为金属冶炼和铸造技术的发展提供了条件。

仙人洞遗址 2 万年前的陶器

人类社会继石器时代后，先进入青铜时代，然后才进入铁器时代，人类的生产工具也经历了一个从石器化到金属化的过程。世界各地进入青铜时代的年代有早有晚，大约从公元前 4000 年至公元初年。考古学家发现，伊朗南部、美索不达米亚一带在公元前 4000 年 ~ 前 3000 年已使用青铜器，欧洲在公元前 4000 年 ~ 前 3000 年、印度和埃及在公元前 3000 年 ~ 前 2000 年，也有了青铜器。除埃及与北非以外的非洲使用青铜器的时间较晚，大约于公元前 1000 年 ~ 公元初年。美洲直到将近公元 11 世纪，才出现冶铜中心。中国则在公元前 3000 年左右掌握了青铜冶炼技术。在青铜器时代，世界上青铜铸造业发达的地区往往也成了人类古代文明的中心，如爱琴海地区、埃及、美索不达米亚、印度、中国等国家和地区，这些进入文明的地区在青铜时代大多数已经产生了文字，农业生产力已经相当发达。

青铜是含锡的铜，可制礼器、盛器和农具。铁比铜坚硬，主要用于制作工具和兵器。在地壳中，铁的含量约为5.6%，铜的含量要低得多，仅为0.006%。俗话说"物以稀为贵"，即使在当今也是铜的价格比铁更高，那么为什么古代的劳动者先使用铜器，而后使用铁器呢？这个跟人类发现金属与发明金属冶炼技术的起源有很大关系。就跟陶器的发明类似，金属冶炼是人类从使用火及石器加工、烧制陶器的生产实践中渐渐认识而产生的，在烧制陶器的过程中积累起来的丰富经验，为青铜的冶铸业提供了必要的高温知识、耐火材料、造型材料与造型技术等条件，例如中国龙山文化遗址出土的黑陶和白陶的烧陶温度均与铜的熔点接近。由于铜的熔点比铁更低，因而人类更早发现铜的存在以及冶炼铜的技术。铜的熔点约为1083℃，远低于铁1535℃的熔点，而且青铜合金的熔点更低。金属冶炼需要先将矿物熔化，要想获得高温在古代是很困难的，即使在今天的冶金工业也需要消耗大量能源。普通煤炭的火焰温度在没有鼓风器具帮助的情况下很难达到铁的熔点，所以古代铁的冶炼往往出现在鼓风器具发明之后，古埃及金匠曾经使用带陶风嘴的吹管，印加人有时以8~12根铜管同时吹炼，以提高火

赫梯帝国青铜矛头

焰温度。据考证，中国对风箱的普遍使用在公元前 500 年前后，也就是中国铁器开始盛行的年代。

铁器时代是人类发展史中一个极为重要的时代。人类最早知道的铁是陨石中的铁，古代埃及人称之为神物。地球上的天然铁是少见的，所以铁的冶炼和铁器的制造经历了一个漫长的时期。当人们在冶炼青铜的基础上逐渐掌握了冶炼铁的技术之后，铁器时代就到来了。目前世界上出土的最古老冶炼铁器是土耳其（安纳托利亚）北部赫梯先民墓葬中出土的铜柄铁刃匕首，距今 4500 年（大约公元前 2500 年）。直到约公元前 1200 年赫梯帝国灭亡后，当地的铁匠才分散到各地，使他们的技术广泛流传。铁的冶炼技术比铜复杂得多，比如需要让铁矿石获得更高的燃烧温度，需要将粗糙的生铁反复锤打成坚硬的熟铁，因而冶铁技术比青铜技术出现晚了大概 1500 年。

由于铁矿较之铜矿分布更为广泛，并且随着技术进步，制铁成本比制铜更加低廉，这意味着普通农民也买得起铁制工具，农业范围从农田扩展到以前石斧无法开垦的森林荒野，大大促进农业生产率提高。这种廉价的金属材料对欧亚大陆的军事平衡也具有重大影响。从前，贫穷的游牧民不能像城市中心的统治者那样，以大量昂贵的青铜武器装备自己以提升战斗力。但冶铁技术出现之后，铁矿几乎每个地区都可得到，每个村庄的铁匠都能锻制比青铜武器更优良、更便宜的铁制武器，游牧战士也能获得与城市中心的统治者军队一样的战斗武器。随着铁器时代的到来，我们就逼近并且很快进入有文字记载的文明时代，通过石器、陶器、兽皮、莎草纸上的文字记载，我们已经能够拼凑出文字出现之后人类真正的历史图景。

立下"汗马功劳"的动物

在采集狩猎时代，人类主要的交通工具可能是船，但是几千年来马匹及马车一直是农业社会的主要交通工具，直到第二次工业革命汽车的出现才得以取代。马作为一种哺乳动物很早就出现在地球上，有关马的化石也非常丰富，科学家发现了德国麦索的小原始马化石，这是人类发现的最早期的马，也是马的祖先，距今有约5000万年的历史。它的体型大小跟小狗差不多，前脚有四个趾头，适于奔跑。现代的马要到400万年前才出现，它能适应草原生活，肢长体高，具有单趾硬蹄和流线型身体等特点。

从石器时代人类所留下的壁画图案中，我们知道人类祖先是马的狩猎者。距今170万年前的元谋人时代有"云南马"，距今50万年前的北京猿人遗址中有"三河马"和"北京马"，它们很可能也是我们祖先的猎物。旧石器时期，人类依靠捕猎包括马在内的大型哺乳动物作为食物来源，因而人类在烧烤猎物的火堆旁留下了大量动物骨头，这些成为考古学家鉴别人类祖先捕猎动物种类的证据。在德国中部发掘出的遗址显示，马是人们当时的主要猎物。在法国南部地区像蜂巢一般布满了石灰岩山洞里，发现大量被旧石器时期的人类留下的壁画图案，在这一地区发现的所有艺术作品中，有35%~60%是含有马的图案。

考古学家在现今哈萨克斯坦境内发现了人类最早驯化马的证据，考古人员对波泰地区出土的马的骨骼进行分析后发现，这些马的脚骨与青铜时代已驯化的马相似，而与同一地区的旧石器时代野马不同。

某些古代波泰马的头骨还揭示了这些马牙齿上有戴马嚼子的印记。研究人员通过采自波泰陶器碎片的同位素数据分辨出了来自马奶的油脂，考古人员甚至还能确定这些马是在夏季被挤的奶。这表明至少是在距今 6000 年前马在欧亚草原区已经被驯化。中国是最早开始驯化马匹的国家之一，从黄河下游的山东以及江苏等地的大汶口文化时期及仰韶文化时期遗址的遗物中，都可以证明距今 6000 年左右的新石器时代，野马已被驯化为家畜。距今约 4000 年的殷商铜器和甲骨文时代，马已分别被用于不同用途，如乘骑、行军、驾车、运输等。

马是聪明、忠诚、耐劳的动物，自从被驯化成家畜之后，几千年来都是人类社会发展的得力助手。我国的《三字经》中说，"马牛羊，鸡犬豕，此六畜，人所饲"。马列在六畜之首。马在古代曾是农业生产、交通运输和军事等活动的主要动力，在早期农业社会，马主要作为役使家畜，用于骑乘、挽车和载重，只有少部分被作为食物。马是古代最普遍的交通工具，它使远距离的交流成为可能，促进了文化的交流、交融，推动了人类文明的发展。不论是西方还是东方，骑兵在整个中世纪一直是各国军队的主要兵种，成为重要的军事力量。

在东方，秦汉之后，马已经完全融入了人类社会，距今有两千多年的历史。马匹也是古代国防军事力量的重要物质基础，世界八大奇迹之一的秦始皇兵马俑很好反映了当时马匹在军事上的重要地位。中国的唐朝时代在牧马和养马方面达到了极致，养马技术、马医学等技术得到了极大发展，当时全国大约有马匹 70 万，全国每十人就有一匹马。马不仅在东方有重要地位，在西方社会，马一样是不可或缺的角色。亚历山大大帝曾用自己的战马为城市命名；英国的威灵顿公爵曾用军方礼仪埋葬了自己的战马。欧洲中世纪骑士制度以及文化衍生完全是以马匹为基础，11世纪末的十字军东征，骑士们骁勇善战与宗教信仰的神圣性结合在一起，所形成的骑士精神一直是中世纪欧洲的主流文化。

秦始皇兵马俑

19世纪末伦敦市区的主要交通工具依然是马，整个伦敦的生活完全都依靠马来完成，所有货物运输进城要靠马拉，工人上下班要坐马车，当时伦敦的公交车是马拉，出租车是马拉，整个伦敦生活着30万匹马。这些马每天至少要排泄3000吨马粪，以致1894年英国著名的《泰晤士报》甚至预测50年后伦敦将被高达2.7米的马粪淹没！这是历史上著名的"马粪危机"。

由于18世纪工业革命之后蒸汽机及内燃机带来了新动力，社会对马的需求逐步减少，人类拥有和使用的马的数量也在下降。尤其是汽车的发明及普及之后，马匹及马车很快从城市里消失。从 1900 年开始，世界上马的数量开始锐减，而汽车的销售量开始快速飙升，人类终于从经历了几千年的马车时代跨入汽车时代。20 世纪初期，全世界马匹数量约为 1 亿，主要用于农田作业和交通运输。到了 1976 年，全世界仅剩下 6400 万匹马，近半的马已经在地球上消失。进入 21 世纪之后，世界马匹数量基本稳定，近年大致保持在 5800 万匹左右，此时马已经很少作为交通工具，主要作为赛马、马术竞技、表演和娱乐等用途。

第二篇　**工业革命简史**

02

纵观近代以来人类科技发展史，它既是一部信息革命史，也是一部能源革命史，更是一部交通革命史，信息、能源、交通构成了人类科技发展的"三驾马车"，成为人类科技发展的核心驱动力。

Intelligence Revolution

第三章
第一次工业革命——机械化浪潮

文艺复兴埋下工业革命种子

在 14 世纪文艺复兴之前的一千年，中世纪的欧洲一片黑暗，文盲泛滥，老百姓几乎目不识丁。14 世纪末由于信仰伊斯兰教的奥斯曼帝国的入侵，东罗马（拜占庭帝国）的许多学者，带着大批的古希腊和罗马的艺术珍品和文学、历史、哲学等书籍，纷纷逃往西欧避难。一些东罗马学者在意大利的佛罗伦萨创办了一所叫"希腊学院"的学校，专门讲授希腊辉煌的历史文明和文化等知识，对当时处在黑暗之中的西欧人刺激很大。于是，许多西欧的学者要求恢复古希腊和罗马的文化艺术。这种思想就像春风，慢慢吹遍整个西欧，文艺复兴运动由此兴起，从意大利扩展至欧洲各国，于 16 世纪达到顶峰，带来一段科学与艺术革命时期，揭开了近代欧洲历史的序幕，被认为是中古时代和近代的分界。

西欧的中世纪是个特别黑暗的时代，基督教教会成了当时封建社会的精神支柱，并建立了一套严格的等级制度，把上帝当做绝对的权威。文学、艺术、哲学一切都得遵照基督教《圣经》的教义，谁违背了就要遭到宗教法庭的处罚。在教会的管制下，中世纪的文学艺术死气沉沉，万马齐喑，人们只崇尚骑士的尚武精神，没有哲学，没有科学，也没有法律，科学技术也停滞不前。

最初长期被教会思想压迫的西欧人只对古希腊和罗马的文化艺术感兴趣，这时期诞生了历史上著名的美术三杰：拉斐尔、米开朗基罗及达·芬奇。但是随着人们对宗教神学质疑越来越强烈，古希腊罗马的哲学与科学慢慢也进入了西欧人的视线。于是人们开始翻译古希腊科学家柏拉图、亚里士多德、欧几里得、阿基米德、托勒密、泰勒斯、斯特拉波等人的著作并大量传阅，通过学习希腊语来学习古代的知识，科学技术思想在西欧开始复苏，尤其是古希腊、古罗马时期的天文及地理知识为后来欧洲大航海时代的到来打下了良好基础。

早在 13 世纪末，意大利威尼斯商人马可·波罗出版了一本关于到访亚洲的旅行记录——《马可·波罗游记》，这本书在欧洲广泛流传，意大利的哥伦布、葡萄牙的达·伽马及恩里克王子，英国的卡勃特、安东尼·詹金森等众多的航海家、探险家都阅读过该书，甚至西班牙人以此为主要参考书制成了"西班牙喀塔兰大地图"，成为中世纪有很高科学价值的地图，对后来新航路的开辟和新大陆的发现产生重要影响。《马可·波罗游记》激起了欧洲人对东方文明与财富的向往，伴随着古希腊的天文及地理知识在欧洲的传播，最终引发了 15 世纪末到 16 世纪初的新航线开辟和新大陆的发现。最典型的是哥伦布横渡大西洋成功到达美洲，达·伽马绕道非洲南端到达印度，麦哲伦船队完成了人类历史上的第一次环球航行。大航海时代掀起了一场海上交通革命，是人类文明进程中最重要的历史之一，预示着世界历史全球阶段的来临，为后来欧洲国际贸易的繁荣及海外殖民地的扩张创造了条件，从而埋下了工业革命的种子。

印刷革命吹响工业革命前奏

在距今 500 多年前中世纪欧洲黑暗的教会时代，《圣经》的发行权和解释权被罗马教会为首的宗教教会完全垄断，对《圣经》的阅读和解释的权力成为了教会统治阶层所拥有的知识特权，但是它对整个平民和穷人阶层是封闭的，普通人没有机会接触到《圣经》。在 15 世纪之前的欧洲，书籍大都靠修道院的僧侣手工抄写在羊皮纸上，数量稀少且价格昂贵。当时一部手抄《圣经》要值 500 荷兰盾（Gulden），在德国美因茨几乎可以将半条街上的所有房子买下来，如果家里藏有几百册手抄书，就算得上是中世纪的一家大型图书馆，书籍的稀缺大大限制了社会文化知识的传播。

约翰·古登堡 1397 年出生于德国美因茨，是第一位发明金属活字印刷术的欧洲人，并成功将一台啤酒压榨机改装成了世界上第一台机械印刷机。古登堡活字印刷术使用由铅、锌和其他金属的合金组成的字母，可以冷却得非常快，而且能够承受印刷时的压力。印刷本身是使用转轴印刷法，将文字批量印刷在纸和羊皮纸上，印刷效率大幅提升，印刷机的工作效率至少相当于之前手工抄写的 100 倍。

大约公元 1455 年，古登堡用活字印刷机第一次印刷了《圣经》，被称为《古登堡圣经》，全书 1284 页，每页两栏，每栏 42 行，每页共印字母约 2500 个。原版是单黑色印刷，彩色修饰是后人手工补绘而成，边框和栏间都彩绘有装饰物，包括花草、鱼虫和仙女，还有白鹤、孔雀等飞禽，十分精美华丽。《古登堡圣经》一共印刷了约 180 本，其中今天尚存于世的还有 49 本，现在仍被认为是印刷史上的完美作品，它的产生标志着西方图书批量生产的开始。

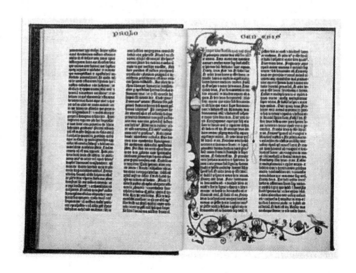

《古登堡圣经》1455 年印刷完成

古登堡的印刷术使得印刷品变得非常便宜，印刷的速度也明显提高，印刷量迅速增加，文化知识突破了教会的垄断向社会中低层人群传播，使得欧洲的文盲大量减少，人们开始摆脱愚昧和无知。越来越多的人能读到《圣经》，宗教改革核心人物马丁·路德和加尔文则进一步通过对《圣经》重做诠释和解读，从根本上动摇了教皇和教会对《圣经》所拥有的绝对解释权，最终推动了欧洲宗教改革。宗教改革的代表人物马丁·路德曾说过："印刷术是上帝至高无上的恩赐，使得福音更能传扬。"

在古登堡发明金属活字印刷术后的近三个世纪里，德国的印刷出版业一直在欧洲保持领先地位。因德国图书出版活跃，早在公元1480年左右，德国法兰克福市就出现了一年一度的定期图书交易集市，即法兰克福书市，它是外国最早的书市。后来于1564年在莱比锡市又出现了一个定期图书交易集市。一个国家同时有两个定期书市，这在当时世界上是极罕见的，它反映了德国出版业的繁荣。整个16世纪，欧洲共印制出版图书约20万种、近2亿册，其中德国为4.5万种，居第一位，其后依次是法国3.8万种、英国2.6万种、意大利1.5万种。

古登堡的印刷术诞生之后在欧洲迅速传播，大约50年之后到1500年时，欧洲传阅的印刷书籍已有3万多种，累计900万册，对当时整个欧洲知识传播及思想解放产生了重要影响，因而也被视为当时的欧洲文艺复兴以及后来的宗教改革、启蒙运动和科学革命等社会文化变革的技术基础，吹响了工业革命的前奏。古登堡的发明不但引发了一次媒介革命，也掀起了人类历史上继语言、文字之后的第三次认知革命。印刷革命使人类获取知识的门槛大幅降低，知识开始大范围传播,科学与技术快速兴起,人类认知能力出现历史上的第三次飞跃。站在整个人类知识发展历史的高度,我们可以看出当时印刷术对人类知识传播的影响可能不亚于后来蒸汽机对工业革命的影响。鉴于古登堡这项发明的重要意义,美国学者麦克·哈特在他所著的《影响人类历史进程的 100 名人排行榜》中,将古登堡排在第 8 位,可见其在人类历史上巨大的影响力。

蒸汽机开启化石能源时代

由于新航线的开通及美洲大陆的发现,英国通过殖民扩张打开了海外贸易市场。在 18 世纪初的英国,国内商业与国际贸易已经十分繁荣,从而带动了纺织品、金属器具、船舶、冶金、煤炭等大量工业的增长,其中英国兴起了历史上最早以及最重要的一个手工行业——毛纺织业。在公元 1500 年左右,英国还是一个农业经济国家,作为英国的民族传统产业,养羊和呢绒工业是国家财政收入的两大支柱。例如,1300 年英国贸易出口总值为 30 万英镑,其中羊毛出口总值就有 28 万英镑,约占整个出口总额的 93%。英国的毛呢织品深受欧洲大陆上各个国家消费者的欢迎,仅在 1470 年~1510 年的 40 年间,英国毛呢出口量由每年 3 万匹跃至 9 万匹,以 30% 的年增长率不断增加。不过,到 17 世纪末印度以其精美的棉织品横扫了整个世界市场,英国毛纺织品受到了严峻的挑战。

羊毛和毛纺织品的外销,给英国商人带来了巨额的利润,于是越来越多的社会资金被投资到养羊和毛纺织业上，反过来又促使了英国本土社会结构与经济结构的分化，传统的农业经济开始衰落，新兴的毛纺织业及相关的商业贸易、交通运输等产业快速崛起。英国历史上著名的"圈地运动"正是在这样的背景下发生，圈地运动实现了农民与土地的分离，使农民越来越少，失去土地的很多农民逐渐成为雇佣工人流入城市，为各手工业生产的发展提供了廉价劳动力。

据统计，工业革命前的 18 世纪 60 年代，英国的农业人口仍占总人口的 80% 以上，而到工业革命后的 19 世纪中叶，大概 100 年的时间，英国的农业人口急剧下降到占总人口的 25%，大部分的农民已经成为城市工厂里的工人。从 1500 年到 1800 年，英国人口增加了至少 4 倍。公元 1500 年，伦敦的人口不过 5 万，1600 年人口增至 20 万，1700 年增至 70 万。城市人口的快速增长，引起了年轻的英国人口学家马尔萨斯的担忧，1798 年他发表了令人沮丧的名作《人口原理》，认为必须控制人口，否则英国将会面临战争和饥荒。

无论是国际和国内，18 世纪初的英国都面临纺织业需求大于供给的情况。在 1750 年～ 1760 年英国人均原棉消耗量 200 克，比 1698 年～ 1710 年增加了两倍以上。对于国外，如法国 1750 年仅为 50 克，1790 年～ 1802 年消耗量也增至 100 克。此外，包括荷兰、瑞士、普鲁士等其他国家，原棉的人均消耗量亦呈逐年上升趋势。纺织品需求的有增无减，导致的结果是英国的纺织业必须采取办法，如改进管理或者革新技术来提高产量。当时的英国政府通过各项优惠和奖励政策鼓励社会各界在纺织业上进行发明创造与科技革新。在 1662 年英国政府便对纺织业实行双重产业政策：一方面禁止在本国内销售印度棉布，并向进口的印度商品征收高额的歧视性关税；另一方面鼓励支持本国商人向印度学习，建立自己的棉织业与印染业。这可能是世界上第一个由政府推行的具体产业政策，这些政策的实施推动英国棉纺织业快速崛起。

此外，于1624年英国政府颁布了世界上第一部现代专利法——《垄断法》，规定技术发明有14年的专属保护期，从国家法律上保障发明人的技术权益，从而大大推动新技术的发明创造。英国《垄断法》颁布后两百多年间，各类新发明和新专利犹如雨后春笋般破土而出。1771年~1780年英国发明专利297项，1781年~1790年增至512项，之后十年时间，其专利总数更是高达655项。到1851年为止，英国总共颁发了13023项专利。

18世纪的纺织业已经是当时英国最大的工业部门，因而技术发明最为突出，专利发明数量最多。最为著名的是1765年哈格里夫斯发明的珍妮纺纱机，其效率比旧式纺车的纺纱能力提高了8倍，在棉纺织业中引发了技术革新的连锁反应，随后还出现了骡机、水力织布机等先进机器。因而，珍妮纺纱机也被后人认为是第一次工业革命的开端，从此人类社会告别农耕时代进入到工业时代。新式的棉纺机产生了新的动力需求，这种动力要比传统的马匹及水车所能提供的动力更充裕、更可靠。

英国冶铁业的传统习惯采用木炭作为燃料，不管是铁矿还是工厂，必须在离森林近的地方开设，早期煤炭并没有在冶铁业中大量地运用，因而直到18世纪英国冶铁业一直没有蓬勃发展起来，工业发展所需钢铁不得不从其他国家进口。但是18世纪初，亚伯拉罕·达比家族发明了煤炭炼铁法，炼出的铁质量就非常好而且成本大幅降低，这样很多富含煤矿的地方纷纷开设了冶铁工厂。从生产规模以及对其他工业的影响来看，18世纪的采煤业是英国仅次于纺织业的第二大工业部门，一位法国旅行者在1738年写道，煤炭是"英国所有工业的灵魂"。由于冶铁及造船、玻璃等工业部门对煤炭需求的大幅增加，当煤矿井挖到很深的地下时就会渗水，煤矿的开采遇到了困难，当时急需找到一种新设备以便解决矿井里抽水的问题。

为了从煤矿井里抽水和带动新式棉纺机运转，社会急需一种新的动力之源，结果引起了一系列机械动力的发明和改进，直到最后研制出适宜大量推广应用的瓦特蒸汽机。早在1705年前后，英国工程师纽科门就制成了一台原始的蒸汽机，并被广泛地用于从煤矿里抽水。但是，比起它所提供的动力来，热效率太低，燃料消耗量大，仅适用于煤矿区等燃料充足的地方。1765年，格拉斯哥大学的机械师瓦特通过改良纽科门的蒸汽机制造出单动式蒸汽机，并于1769年取得了英国的专利。随后不久瓦特又改良蒸汽机为联动式蒸汽机，并于1785年投入使用。1800年，有大约500台瓦特蒸汽机投入使用，其中38%用于抽水，其他的蒸汽机用于为纺织厂、炼铁炉、面粉厂、造纸业等工业提供动力。

瓦特的创造性工作使蒸汽机迅速地发展，也使原来只能抽水的机械，成为可以普遍为各行业提供动力的蒸汽机，并使蒸汽机的热效率成倍提高，而耗煤量大大下降。在瓦特蒸汽机推广使用的20多年内（从1766年到1789年），在冶炼、纺织、机器制造等行业中因应用蒸汽机使得生产效率明显提升。瓦特蒸汽机带来的新动力让纺织品生产效率出现大飞跃，1785 年 ~ 1850 年，英国棉织品产量从 4000 万码骤增到 20 亿码，提高大约 50 倍。1800 年，棉织品出口额占据全英国出口总值的 25%；1828 年棉织品出口额达 1900 磅，占英国出口总值的 50%，增长速度惊人。自此以后，英国凭借机械技术带来的高效率在与印度的竞争中将其打败，从而垄断了整个棉织品的世界市场。到 1830 年，英国整个棉纺工业已基本完成了从工场手工业到以蒸汽机为动力的机械化大生产的转变。

瓦特蒸汽机

　　蒸汽机的使用结束了人类对畜力、风力和水力等低效能源几千年来的依赖，将煤炭这种化石能源转化成机械能，为各行各业提供更强大的动力，从而大幅提升社会生产效率。而且不久之后，人类还能开发深藏在地层中的其他化石矿物燃料，即石油和天然气。因而，蒸汽机的发明及广泛使用成为第一次工业革命的标志。

　　英国到 1800 年时生产的煤和铁比世界其余地区合在一起生产的还多。更明确地说，英国的煤产量从 1770 年的 600 万吨上升到 1800 年的 1200 万吨，进而上升到 1861 年的 5700 万吨。同样，英国的铁产量从 1770 年的 5 万吨增长到 1800 年的 13 万吨，进而增长到 1861 年的 380 万吨。铁产量的丰富与廉价又反过来推动机械设备的生产及应用，工厂用机械代替人工操作，因而，人类不仅进入了蒸汽时代，也跨入了机械化时代。

早在瓦特发明蒸汽机前的 1000 多年，古埃及就有人曾研究蒸汽作动力，不过这种设备仅仅用于开关庙宇大门。据统计，在此后的 1800 多年里，尝试用蒸汽作动力的发明者不下 20 人，但他们都未制成较为完善的蒸汽机，也未广泛运用于工业生产，尤其是在农耕时代需要蒸汽机作为动力的需求并不强烈。有人说："如果瓦特早出生 100 年，他和他的发明将会一起死亡！"由此可见，市场需求才是技术发展的根本动力。恩格斯说："社会上一旦有技术上的需要，则这种需要就会比十所大学更能把科学推向前进。"

火车轮船掀起交通革命

18 世纪初英国快速崛起的纺织工业、采矿工业和冶金工业的发展引起对更高效率运输工具的强烈需求，这种运输工具可以运送大宗的煤和矿石。1761 年，布里奇沃特公爵在曼彻斯特和沃斯利的煤矿之间开了一条长 7 英里的运河，低廉的运输成本马上推动曼彻斯特的煤价格下降了一半。享受到河道运输带来的甜头之后，很快这条运河又被伸展到默西河，此时河道运输的费用下降到仅为陆上运输的 20% 不到。这些惊人的成果引起运河开凿热，使英国到 1830 年时拥有 2500 英里的运河。

工业的繁荣让陆上运输也变得异常繁忙，对新的交通工具及道路都提出了更高的要求。19世纪初英国的道路还非常原始，人们只能步行或骑马旅行，陆上货物主要靠马车运输。逢上雨季道路一片泥泞，装载货物的马车几乎无法通行。1850年以后，一批筑路工程师发明了修筑铺有硬质路面、能全年承受交通的道路的新技术，让陆上运输效率大幅提升。乘四轮大马车行进的速度从每小时4英里增至10英里，甚至更快。从爱丁堡到伦敦的旅行，从以往的14天缩减到仅需44小时。

随着钢铁工业及机械工业的发展，公路和水路逐渐受到了铁路运输的挑战。最初铁路轨道是将煤从矿井口运到某条水路或烧煤的地方，一匹马牵引的铁路货车相当于22匹马在普通的道路上的运载量。早在1803年，一名英国矿山技师特拉维西克首先利用瓦特的蒸汽机造出了世界上第一台蒸汽机车，它能牵引5辆车厢，时速仅为五六公里，而且还经常出事故，因而没有被推广开来。直到1825年，一直研究蒸汽机工作原理的英国工程师斯蒂芬森亲自驾驶着自己制造的"运动"号蒸汽机车，载了450名旅客，以时速24公里的速度跑完了40公里的路程，标志着铁路运输事业的诞生。作为世界公认的火车发明人，斯蒂芬森被誉为"铁路机车之父"。1830年，斯蒂芬森的机车"火箭"号以平均每小时22公里的速度行驶50公里，将一列火车从利物浦牵引到曼彻斯特。此后的短短数年内，马力运输逐

斯蒂芬森制造的蒸汽机车

渐被铁路机车取代，铁路支配了长途运输，能够以比在公路或运河上更快的速度和更低廉的成本运送旅客和货物。到1838年，英国已拥有500英里铁路；到1850年，拥有6600英里铁路；到1870年，拥有15500英里铁路。

作为一种全新的动力来源，蒸汽机发明出来之后除了被广泛应用于纺织、煤矿等工业领域作为动力，也被逐步应用于陆上运输及水上运输。从1770年起，苏格兰、法国和美国的发明者就在船上试验蒸汽机作为动力，第一艘成功的商用轮船是由美国人罗伯特·富尔顿建造的，后被世人称为"轮船之父"。1786年，富尔顿从美国来到了英国伦敦，他结识了蒸汽机的发明者瓦特，激发了发明蒸汽机船的热情。1803年，富尔顿造出了一艘蒸汽机轮船，在巴黎塞纳河上试航时，轰动一时，不过出了意外，船身折断，导致试航失败。

"克莱蒙特"号轮船试航

智能化浪潮：
正在爆发的第四次工业革命

1807 年，富尔顿制造的"克莱蒙特"号轮船在纽约州的哈德逊河下水，它用瓦特式蒸汽机作为动力，航速达每小时 6 公里，比帆船快三分之一，行驶了 240 公里，成功抵达奥尔巴尼。不久之后，"克莱蒙特"号轮船作为哈德逊河上的定期班轮，执行往返于纽约和奥尔巴尼之间的运输任务，成为一种新型海上交通工具，被人们熟知。早期的轮船仅用于江河和沿海的短程航行，但是 1833 年，"皇家威廉"号轮船从加拿大新斯科舍行驶到英国，从此开启了轮船的远航事业。5 年后，"天狼星"号和"大西方"号轮船分别以 16 天半和 13 天半的时间朝相反方向成功穿越大西洋到达目的地，行驶时间比当时最快的帆船所需时间节省一半。到 1850 年，轮船已在运送旅客和邮件方面超越帆船，承担远洋航行任务，并开始成功争夺国际货运市场。此后，越来越多的巨型轮船被制造出来，20 世纪初人类进入远洋运输的时代。

工业革命为什么发生在英国

英国是世界上第一个完成工业化的国家，工业革命让英国从一个传统的农业经济国家一跃成为处于垄断地位的"世界工厂"，继而成为称霸世界的"日不落帝国"。工业革命从开始到完成，大致经历了一百年的时间，影响范围不仅从英国扩展到西欧和北美，推动了法、美、德等国的技术革新，而且还扩展到到东欧和亚洲，俄国和日本也出现了工业革命的高潮，它标志着世界一体化新高潮的到来。

18 世纪的欧洲，荷兰、葡萄牙、西班牙都是海外贸易非常繁荣的海上强国，但是工业革命并没有起源于这些国家，也没有起源于文艺复兴的发源地意大利，没有起源于印刷出版业高度发达的德国，没有起源于启蒙运动的中心法国，更没有发生在享誉世界的东方文明古国中国，而恰恰是起源于西欧的英国。

对于"工业革命为什么起源于英国"这个问题其实很多人进行过深入研究，之前的研究总体上可以归纳为：政治上，英国通过光荣革命最先确立资本主义制度；经济上，海外殖民地贸易提供了充足的市场；资本上，殖民地掠夺获得了大量财富投入到新技术上；人力资源上，通过圈地运动获得了大量廉价劳动力；技术上，手工工场为机器生产提供了技术基础；思想文化上，科学革命兴起让自然科学大众化，人们更愿意进行技术发明创造。荷兰、葡萄牙、西班牙、意大利、德国等国家可能都只具备了其中的部分条件，但是只有英国在以上各方面条件上都比较成熟，因而工业革命最先发生在英国。

实际上，如果站在文化传播及技术发展趋势的新角度去考量，也许能更好理解"工业革命为什么起源于英国"。文艺复兴运动推动了新航线的开辟及新大陆的发现，从而刺激了国际贸易的繁荣，再带动了英国纺织业的兴起，纺织业及煤炭业的动力需求是瓦特蒸汽机的直接市场需求，是蒸汽机技术发展的根本动力。如果英国没有繁荣的纺织业，也就没有鼓励技术发明创造的政策，更无法掀起技术发明热潮。如果没有纺织业的动力需求，蒸汽机可能一直只用于在煤矿中抽水，恰恰是瓦特的改良让蒸汽机得以在各行业大规模推广应用。此外，纽科门蒸汽机是瓦特蒸汽机的技术基础，而纽科门蒸汽机的发明借鉴了古希腊时期的蒸汽动力原理，这些自然科学知识的传播又得益于印刷技术的发展。如果 18 世纪的欧洲人依然是像中世纪一样目不识丁，是不可能有发明创造的。因而技术发明创造需要以人们具有较高的认知能力为前提。

　　总的来说，发达的纺织业及煤炭工业是工业革命的市场基础，早期的蒸汽机原型是工业革命的技术基础，而自然科学知识的传播是工业革命的文化基础，只要具备这三个条件，不管什么样的政治制度、资本及劳动力投入，实际上都有很大机会产生工业革命。工业革命的高效率产生高利润，从而会吸引大量资本和劳动力涌入，然后又加速了工业革命的进程。

第四章
第二次工业革命——电气化浪潮

科学革命让人类重新认识世界

古希腊及古罗马时期的西方，天文学、数学、物理学、地理学、生物学等都取得了显著成就，诞生了许多赫赫有名的伟大科学家。但到了中世纪，由于教会对文化知识的垄断并大肆宣扬宗教神学理论，自然科学已经被边缘化。例如在奥斯曼帝国，穆斯林学院强调神学、法学、修辞学，从而牺牲天文学、数学和医学，从这些学校毕业的学生对西方国家正在发生的一切几乎一无所知，而且也毫无兴趣去了解。按照教会的思想，地球是上帝创造的宇宙中心，人类也由上帝创造。《圣经》里说，人类的祖先是亚当和夏娃，由于他们违背了上帝的禁令，偷吃了乐园的禁果，因而犯了大罪，作为他们后代的人类，就要世世代代地赎罪，终身受苦不要有任何欲望，以求来世进入天堂。在教会的管制下，中世纪的欧洲一片黑暗，没有哲学，没有科学，愚昧迷信笼罩着一切。

到了文艺复兴时期，古希腊及古罗马的哲学与自然科学开始在欧洲得到传播，尤其是古登堡印刷术的出现使人们获取书籍的门槛大幅降低，知识开始大范围传播，科学与技术思想快速兴起。再加上新航线的开辟丰富了欧洲人的视野，于是开启了"人的发现与世界的发现"的新时代，最终掀起一场前所未有的"科学革命"。尤其是后来人们逐渐接受达尔文的进化论，放弃了"神创论"，开始用科学的眼光来认识自然界和人类自身，促进了神权的崩溃和科学文化的发展。人类也首次承认自己的无知，开始探索未知的世界。

科学革命发生于16~17世纪的欧洲，以1514年哥白尼的"日心说"为代表，初步形成了与中世纪神学与经验哲学完全不同的新兴科学体系，标志着近代科学的诞生。后经开普勒、伽利略，特别是牛顿为代表的一大批科学家的推动，建立了近代自然科学体系。16世纪末17世纪初，文艺复兴运动的扩展促进了人的思想解放，对科学研究产生了重要影响。英国思想家、哲学家弗兰西斯·培根在《伟大的复兴》中重点论述了知识的价值，提倡科学实验，提倡研究自然科学，在英国乃至欧洲产生了深远的影响。文艺复兴运动时期，波兰的天文学家哥白尼提出了"日心说"，不但动摇了上帝创世说，也启迪了伽利略对亚里士多德力学的质疑和实验思想的萌生。伽利略基于观察、实验以及实验与数学相结合的科学研究，发现了自由落体定律。借助第谷的观测数据，开普勒认识到行星轨道应该是椭圆形，最终发现了行星运动定律。1687年牛顿在伽利略及开普勒研究的基础上，也就是"站在巨人的肩上"发现了万有引力定律和力学运动三定律，形成了以实验为基础、以数学为表达形式的牛顿力学体系，即经典力学体系，标志着近代科学的形成。在美国学者麦克·哈特所著的《影响人类历史进程的 100 名人排行榜》，牛顿名列第 2 位，他指出"在牛顿诞生后的数百年里，人们的生活方式发现了翻天覆地的变化，而这些变化大都是基于牛顿的理论和发现。"

尽管科学革命发生在 18 世纪的第一次工业革命之前，但是对其并没有产生显著的影响。主要原因是第一次工业革命以蒸汽机的发明和使用作为标志，蒸汽机的工作原理最早可参考古希腊时期的相关发明，并不需要做太多科学理论上的创新。此外，从手工工场向机械化的转变过程中，许多技术上的发明创造直接来自于有经验的工匠和技师，科学与技术尚未做到真正结合。不过，在经过科学革命的洗礼之后，自然科学终于从哲学中分离出来，成为独立的学科并迅速走上繁荣的道路。19世纪科学技术向纵深发展的基础上，在科学理论上出现了新的伟大成就，那就是在牛顿力学之后，发现了能量守恒和转化定律以及电磁科学，这些都是第二次工业革命的理论基础。第二次工业革命期间，许多重大技术发明都建立在复杂的科学理论基础之上，因而这些发明大多出自科学家和工程师之手，科学与技术紧密结合，并迅速转化为生产力。

机器印刷加速新时代的到来

在中国北宋时期的毕昇发明胶泥活字印刷术 400 年之后，德国美因茨的古登堡于 1450 年左右发明了金属活字印刷术，开启了第一次印刷革命，使西方世界由原来的手抄文字传播时代进入到印刷传播时代，人类获取知识的门槛大幅降低，知识开始大范围传播，推动了科学与技术的快速兴起。随着第一次工业革命在欧洲各国相继展开，到了 19 世纪，人类的印刷技术也发生了革命，由原来的手工印刷变为机器印刷，也称之为第二次印刷革命。

15 世纪古登堡发明的依靠人力驱动的金属活字印刷术，在其后的三个半世纪中几乎没有太大变化。1811 年，移居英国的德国人科尼希和鲍尔发明了用蒸汽机驱动的滚筒纸平板印刷机，通过与蒸汽机相连接，由蒸汽机提供动力，可将滚筒纸置于运动着的印版之上进行印刷。该印刷机每小时可印 1000~1200 张，效率是原来人工印刷的 5 倍，大大提高了印刷速度。由于印刷效率快速提高，科尼希和鲍尔于 1811 年在英国用机械印刷机印刷了第一本书，在 1814 年英国著名的《泰晤士报》成为世界上第一份使用最新发明的、以蒸汽为动力的印刷机印制的报纸。不久他们从英国返回德国，并于 1817 年在德国的维尔茨堡附近建立了当时世界上的第一家蒸汽印刷机制造厂"科尼希 & 鲍尔高宝股份公司"。1823 年，德国的《柏林国事与学者消息报》第一个改用蒸汽印刷机出版，从而带动欧洲越来越多的印刷厂采用这种新的印刷方式，欧美各国的印刷业迅速走向机械化，从而开始了机器印刷的新时代。

蒸汽驱动双滚筒印刷机

1811 年由德国人科尼希发起的印刷技术革命，迅速席卷欧美各国。
1846 年美国出现了经过技术改良的高速印刷机，速度又提高 10 倍。
1863 年美国又出现双面印刷机，速度再次提高 5 倍。在 19 世纪下半叶，
印刷技术革命进一步深入，出现了轮转印刷机，但它们都是在科尼希发
明的蒸汽印刷机基础上的进一步改进。摩尔根塔勒在美国于 1884 年发
明整行排铸机后，美国人兰斯顿又于 1885 年发明铅字自动排铸机。在
德国人麦森巴赫于 1882 年发明的照片印刷术的基础上，1904 年美国人
鲁贝尔又发明了胶版印刷术。这样，新的印刷技术由德国迅速向欧美各
国传播，并不断得到进一步更新和完善，从而使印刷的内容和形式不断
丰富，印刷的速度、质量、效率不断提高。19 世纪由德国人发起的第二
次印刷技术革命，极大地促进了造纸、印刷、出版业的发展，使德国和
欧美各国出现了出版业的大繁荣，从而极大地推动了西方各国教育、科
技和文化的发展，并使西方文化向世界范围扩张，产生了深远的社会影响。

　　印刷技术的革命使大规模出版成为可能，因此各国图书的品种和
数量猛增。英国在 1825 年年度出书为 600 种，到 19 世纪末已增加到
6000 种。在 18 世纪，全世界的年图书出版品种不到 2 万种，而 19
世纪末 (1887 年) 已达 10 万种，到 20 世纪初 (1908 年) 又猛增到 19
万种，仅短短二十年，图书的年度出版数字就增长了近一倍。1890 年
出版图书较多的国家依次为：德国 (18875 种)、日本 (18720 种)、法
国 (13643 种)、俄国 (8636 种)、英国 (5775 种)、美国 (4559 种)，其
中德国居世界第一位。除了图书出版物的快速增长，期刊和报纸的品
种和数量也猛增。一些通俗期刊的发行量由 18 世纪的 5 位数上升到
19 世纪中期的 6 位数，如德国于 1853 年创刊的《凉亭》的发行量曾
高达 40 万份。美国在 1800 年只有 24 家日报，发行量只有几万份。

到 1910 年时，增为 2433 家日报，发行量达到 2421 万份，居世界第一，一些大的报纸发行量超过百万份。印刷品的激增及机器大批量印刷带来的成本下降，也推动了印刷品的大众化运动或廉价化运动，将读者对象由原来社会中上层扩大到社会下层。出版商竞相降低出版物的价格，扩大在社会中下层读者中的发行量。印刷媒体大众化运动，使知识和信息走向普及，人们喜欢读书看报，对劳动力素质的提高及政治觉悟的增强都具有巨大的促进作用，一定程度上加速工业革命的到来。

电力开启新能源时代

19 世纪中叶开始的第二次工业革命是以电的发明和电力的广泛应用为标志，从此人类进入电气时代。电是一种与人们生活息息相关的能源形式，人们从一开始对它恐惧到逐渐认识，再到加以利用，经历了一个漫长的过程。电的发明和利用，促进了人类制造技术的发展，而以制造业为基础的工业文明，使得人类社会进入了一个崭新的时代。

1660 年，德国人格里克发明了第一台摩擦起电机；1745 年，荷兰人马森布罗克发明了电学史上第一个电容器——莱顿瓶；1752 年，富兰克林通过风筝试验提出正、负电的概念，发现正负电荷可互相抵消；1800 年，意大利科学家伏特制成了能产生持续电流的化学电池。1820 年，法国科学家安培根据奥斯特的报告，对磁场与电流之间的关系做了进一步的整理与研究，提出了安培定律；大约在同一时期，德国人欧姆发现了导体的长度与电流的关系，提出了电阻定律；1831 年，英国科学家法拉第发现了电磁感应现象，制作了发电机和电动机的原型，被称为"电学之父"。依靠法拉第的电学理论，从 19 世纪 60 年代起对电的研究与应用不断取得新突破。1866 年，德国工程师西门子发明了发电机；1870 年，比利时人格拉姆发明了电动机。

1866 年西门子发电机

在电力的使用中，发电机和电动机是相互关联的两个重要组成部分，发电机将机械能转化为电能，而电动机则将电能转化为机械能。自从发电机与电动机被发明出来之后，电力应用得到了快速发展。1875 年，法国第一座发电厂在巴黎建成。1879 年美国科学家爱迪生发明了世界上第一只实用的白炽灯，从此将光明带进人们的生活。由于各种电动生产工具和生活电器如雨后春笋般涌现，导致了对电的需求激增，分散的低功率发电机难以满足发电量的需求，于是集中发电与电力远距离输送的构想被提出。1882 年，法国人德普勒发现了远距离送电的方法，并在法国建造了数条输电线路，其中最重要的一条是从克列伊至巴黎的直流输电线路，该线路全长56公里，电压5000～6000伏，效率约45%。1881年，爱迪生开始筹建中央发电厂，发电厂利用蒸汽机驱动直流发电机，电压为110伏，电力可供数千个爱迪生灯泡用。1882年，爱迪生公司（通用电气前身）在美国纽约珍珠街建成了美国第一座发电厂，内装6台"巨象"直流发电机，可供6000个爱迪生灯泡用电，开辟了美国第一个电力照明系统，标志着美国第二次工业革命的开始。1888年，塞尔维亚裔美籍科学家特斯拉发明了交流电动机，它与传统的各种机械相结合，使电力广泛地应用于工业。到1917年，美国仅公用电站就有4364座，发电量438亿度，美国电力工业跃居世界第一位。通过众多科学家及商业机构的努力，到20世纪初，电力已经成为一种廉价优质并且能够取代蒸汽动力的新能源，它的广泛应用，推动了电力工业和电器制造业等一系列新兴工业的迅速发展，人类最终从蒸汽时代跨入了电气时代。

电报电话掀起通信革命

在电被用于传播信息之前的一千多年，人类古代通信技术主要有鸣锣、击鼓、旗语、烽火、狼烟、驿站和飞鸽传书等低效率的方式，并且主要依靠马匹和驿使担负起远距离投递信件的重任。18世纪早期，欧洲有人尝试用26根导线通电后进行信息传输，但是实用性很差。后来又有人尝试通过电解盐水以及通过8根导线编码等方式来实现信息传输，也由于种种技术上的局限最终没有得到应用和推广。19世纪

30 年代，由于铁路迅速发展，迫切需要一种不受天气影响、没有时间限制又比火车跑得快的通信工具。此时，发明电报的基本技术条件（电池、铜线、电磁感应器）也已具备。1835 年，美国画家摩尔斯经过 3 年的钻研之后，成功地用电流的"通""断"和"长断"来代替文字进行传送，发明了"摩尔斯电码"，于是第一台摩尔斯电报机问世。电报的发明，开创了人类利用电信号来传递信息的历史，标志着现代信息与通信技术的开端。

摩尔斯电报机

1844 年，摩尔斯在美国华盛顿和巴尔的摩之间用长达 64 公里的电报线路试验发送有线电报成功，这个消息轰动了美国、英国和世界其他各国，摩尔斯电报很快风靡全球，19 世纪后期获得了广泛的应用。1876 年，定居美国波士顿的苏格兰人贝尔试验有线电话成功。1877 年，第一份用电话发出的新闻电讯稿被发送到波士顿《世界报》，标志着电话为公众所采用。1878 年，贝尔电话公司正式成立。1891 年，斯特罗齐制成了电动交换机，从此电话进入普及阶段。1880 年~1900 年，美国电话由 47000 台猛增到 1000 万台。1888 年，德国科学家赫兹发现了电磁波。1899 年，意大利人马可尼利用赫兹的发现，发明无线电报，并在英法两国之间试验发送成功。1901 年，横越大西洋的西欧与美国的无线电发报成功。1904 年，英国电机工程师弗莱明发明了二极管，随后美国人福莱斯特发明三极管。1910 年，福莱斯特利用三极管加强无线电信号，使商业性无线电广播成为现实。

现代电子通信技术从有线电报开始，逐渐延伸出电话、无线电报、无线电广播等功能更加强大的信息传播工具，让人类突破了时间与空间的限制，全球各地信息沟通变得越来越便捷。19 世纪 80 年代，全世界电报线的长度已有 150 万公里，到 19 世纪末已增加到 430 万公里。随后不久，无线电广播电台、收音机也相继出现。1920 年由美国西屋电气公司开办的世界第一个无线电广播电台——KDKA 电台正式开播，展开全世界的广播史，无线广播成为一种新媒介开始走进人们的生活。

内燃机引发交通革命

尽管 19 世纪初蒸汽机已被大量应用到铁路运输上，但是由于铁路网建设还非常稀缺，铁路还仅仅限于货物的远距离运输。19 世纪中期，作为全世界最大的城市，伦敦人口超过320万人，马车依然是城市里主要的交通工具，人们出行几乎离不开马车，当时约有30万匹马生活在伦敦，围绕着马车驾驶和马匹饲养成为当时伦敦一个庞大的产业。1894年，英国著名的《泰晤士报》甚至预测50年后伦敦将被高达2.7米的马粪淹没。

1769年，法国陆军工程师古诺经过6年时间研究，终于制造了世界上第一辆完全依靠自身动力行驶的蒸汽机汽车，目的是用于在军队中牵引大炮。这辆汽车被命名为"卡布奥雷"，与今天小巧的汽车相比简直是一个庞然大物，车长7.3米，高2.2米，车身主要用大木头做成，车上装有一个双活塞蒸汽机，前轮作驱动兼转向，最高速度4公里/小时，每行驶15分钟停车一次，加水烧沸后再前进。由于试车时转向系统失灵，撞到兵工厂的墙壁上粉身碎骨，这算是世界上第一起汽车"交通事故"。1771年，古诺造出第二部蒸汽机汽车，但是没有真正跑过，现置于法国巴黎国家艺术馆展出。尽管古诺的蒸汽机汽车最终没有在路上奔跑，但却是古代交通运输（以人、畜或帆为动力）与近代交通运输（以机械为动力）的分水岭，具有划时代的意义，预示着人类的汽车时代即将来临。自古诺造出第一辆蒸汽机汽车之后，汽车技术的研发不断加速。1825年，英国人嘉内制造了一辆18座蒸汽公共汽车，车速为19公里/小时，开始了世界上最早的公共汽车运营。1831年，美国的古勒将一台蒸汽汽车投入运输，相距15公里的格斯特和切罗腾哈姆之间便出现了有规律的运输服务。

古诺制造的蒸汽机汽车

　　19 世纪 60 年代，道路蒸汽机车并没有铁路蒸汽机车技术成熟，高压蒸汽锅爆炸的危险仍然存在，汽车启动时间长达 45 分钟，一些蒸汽车自身重量达 14 吨，安全性差及效率低下成为汽车技术发展瓶颈，人们不断寻求新的汽车技术突破，于是推动了内燃机技术的发明。19 世纪中期，科学家完善了通过燃烧煤气、汽油和柴油等产生的热转化机械动力的理论，这为内燃机的发明奠定了基础。1866 年，德国工程师奥托成功地试制出动力史上有划时代意义的立式四冲程内燃机。1876 年，奥托又试制出第一台实用的活塞式四冲程煤气内燃机。1877 年，奥托取得了内燃机技术的专利权，并且奥托的内燃机在当年的法国巴黎万国博览会上获得了金奖。奥托以内燃机奠基人身份被载入史册，其发明为汽车的发明奠定了基础。随后，以内燃机为动力的内燃机车、远洋轮船、飞机等不断出现，这预示着人类交通运输的新纪元已经到来。内燃机的发明及使用，推动了石油开采业的发展和石油化工业的产生，让石油像电力一样成为一种极为重要的新能源。

自内燃机被发明出来之后，很多科学家都在研究怎样让内燃机来驱动一辆汽车。1885 年，德国人卡尔·本茨几经波折研制出了世界上第一辆汽车，这辆三轮式汽车搭载一台 0.9 马力的单缸汽油机，车重 254 公斤，最高时速 15 公里，并具备现代汽车的一些基本特征：电点火、水循环、钢管车架、钢板弹簧、后轮驱动、前轮转向、制动手柄等。1886 年 1 月 29 日，卡尔·本茨获得世界第一项汽车发明专利，这一天被称为现代汽车诞生日，卡尔·本茨也被后人誉为"汽车之父"。与此同时，德国人戴姆勒也发明出了他的第一辆四轮汽车，随后不久制造成功世界上第一辆货车。从 1894 年开始，卡尔·本茨的机械工厂（奔驰的前身）批量生产世界第一款汽车，这种定价便宜的三轮式汽车销路很好，在一年时间内就销出了 125 辆。1899 年，卡尔·本茨的机械工厂改组为奔驰莱茵汽车股份有限公司，成为当时世界上最大的机动车生产厂家。1926 年，奔驰汽车公司与戴姆勒汽车公司合并后改名为现今举世闻名的"梅赛德斯 – 奔驰"汽车公司（Mercedes–Benz）。

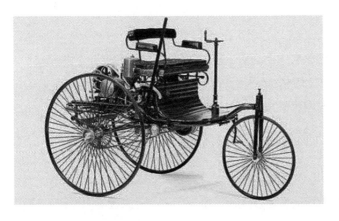

卡尔·本茨发明的三轮式汽车

智能化浪潮：
正在爆发的第四次工业革命

19世纪90年代，美国从欧洲引进汽车制造技术，由于石油资源丰富，钢铁供应充足，橡胶工业也已兴起，因而美国的汽车工业比欧洲各国都发展迅速。尽管德国人卡尔·本茨最先发明了汽车，但是真正让汽车进入大批量生产的却是美国人亨利·福特。1899年，底特律爱迪生电灯公司总工程师亨利·福特辞职后成立了底特律汽车公司，但只生产了25辆汽车后便于1901年破产。1903年，福特再次成立福特汽车公司，并生产出第一辆福特牌汽车。1908年，福特汽车公司开始出售著名的"T"型车，深受市场欢迎。1913年，福特汽车公司首次创立了世界上第一条汽车流水装配线，这是大批量标准化生产的开端，成为劳动生产率很高的一种生产组织形式，并在全世界广泛推广。福特发明的流水线生产方式的成功，不仅大幅度地降低了汽车成本，扩大了汽车生产规模，创造了一个庞大的汽车工业，而且使当时世界上的大部分汽车生产从欧洲转移到了美国。

福特"T"型车

20 世纪初，美国底特律的福特、通用、克莱斯勒三大汽车巨头快速发展，以致后来整个底特律发展成世界最大的汽车城，在巅峰时期底特律人口超过 180 万，其中全城 90% 的劳动人口都为汽车产业工作。1910 年美国平均 210 人拥有 1 辆汽车，到了 1920 年平均 13 人拥有 1 辆汽车，到了 1929 年平均每 5 个人拥有 1 辆汽车。1929 年，美国生产汽车 54.5 万辆，出口占 10%，占领了美国之外世界市场的 35%，美国也被誉为"车轮上的国家"。1917 年，福特汽车公司第 200 万辆"T"型车驶下生产线；1924 年，第 1000 万辆"T"型车驶下了生产线；1927 年，第 1500 万辆"T"型车被制造出来。在经历了 19 年批量生产后，福特汽车公司于 1927 年宣布"T"型车停产，一个划时代的车型终于完成了历史使命。在此后的近百年里又出现了无数的经典车型，但没有任何一款可以比肩福特"T"型车的影响力，因为它的出现拉开了全球汽车工业化的序幕，最终改变了整个世界。鉴于亨利·福特在汽车事业及工业组织上的贡献，美国学者麦克哈特所著的《影响人类历史进程的 100 名人排行榜》一书中，亨利·福特是唯一上榜的企业家。

内燃机的发明不仅让汽车成为人们日常出行的主要交通工具，而且也为人们翱翔天空提供了理想的能源。1903 年，莱特兄弟发明了世界上第一架飞机"飞行者一号"，从此人类终于实现了翱翔蓝天梦，标志着航空工业时代拉开了序幕。1908 年，"莱特 A 型"飞机在法国巴黎进行飞行表演，被《伦敦每日镜报》惊呼为"迄今制造的最神奇的飞行器"。到第一次世界大战结束时，美国已有 24 家飞机制造厂，年生产飞机 21000 架。汽车和航空工业的兴起标志着交通运输业的第二次革命，它推动了钢铁、石油、橡胶和精密仪器仪表等工业的高速发展。

为什么是德国和美国主导第二次工业革命

历史上每一次工业革命都是人类认知能力及改造自然能力的飞跃，并最终通过运用科学技术提升生产效率实现。工业革命的产生往往与当时的社会政治、经济、科学技术、文化教育、自然资源等条件密切相关，有一些国家由于具备一些特别突出的因素，因而有机会走在其他国家的前面，在新一轮工业革命中起主导作用。尽管第二次工业革命几乎同时在几个主要工业国家发生，但是德国与美国却起到主导作用，前沿科学理论及技术创新的成果遥遥领先于很多老牌工业化国家，比如德国发明了发电机、内燃机及汽车等，美国发明了电报、电话、电灯、交流电动机等，并且美国最先普及了电力、电报、电话及汽车的应用。

在19世纪之前，德国在政治上和经济上都比英、法等工业化国家落后，但在文化教育方面不断进行改革，尤其是教育普及的程度居世界各国之首。德国人注重科学、教育的发展已经成为一种文化传统，一位德国将军在打败法国皇帝完成德国统一后说："今天的胜利早在小学教师的课堂里就注定了，原来德国以前分裂成314个国家，1806年被拿破仑征服后，德国可以割地、赔款，但我们不能穷了教育，从来没听说过办教育会把一个国家办穷，办亡国的。"就这样德国实行免费教育，使得全国文盲率大幅下降，1841年是9.3%，1865年是5.52%，1881年为2.38%，1895年降至0.33%，学龄前儿童的入学率在19世纪60年代已达到100%。在初等教育方面，德国成为近代西方国家最早实行普及义务教育的国家。从16世纪中期开始，德意志境内各邦先后颁布了普及义务教育法（如1559年威丁堡、1619年魏玛等）。1717 年 10 月，普鲁士规定实行普遍义务教育。在中等教育方面，17、18 世纪德国中等教育的主要形式是文科中学，培养医生、律师、牧师和政府官吏等社会上层职业者。18 世纪出现了实科中学，有 1708 年席姆勒创办的"数学、机械学、经济学实科学校"和 1747 年赫克开办的"经济学、数学实科学校"等。在高等教育方面，1694 年建立了欧洲第一所新式大学——哈勒大学，被誉为"现代大学的先驱"。到 18 世纪末，德国所有大学都按哈勒大学的模式进行了改革。19 世纪上半叶的教育改革更使德国处于领先地位。在哲学家费希特人文主义思想影响下，德国开始整顿小学教育，改革中等教育。德国还十分重视技术教育，大力发展工科大学，1810 年创设柏林大学，1821 年设立以技术教育为主的柏林实业学校，1898 年德国 9 所工科大学在校生超过万人。其中尔斯鲁厄工业大学(1865 年)、慕尼黑工业大学(1868 年)、亚琛工业大学(1870 年)、柏林工业大学(1879 年)等学校到 19 世纪后半叶发展为高等工业大学，为工业革命培养了一批优秀人才。

印刷技术的革新及印刷出版业的繁荣也是推动 19 世纪下半期第二次工业革命出现的重要因素，出版业的繁荣促进了欧美各国科技知识的普及和科研成果的传播与交流。如英国物理学家麦克斯韦对英国物理学家法拉第于 1831 年发现的电磁场产生兴趣，建立了电磁波理论；德国的物理学家赫兹又受麦克斯韦的影响，进行电磁波研究，证实并发展了电磁波理论；在此基础上，俄国的波波夫和意大利的马可尼于 1895 年发明了无线电报。由于德国是印刷技术革命的发源地，印刷出版业最发达，德国也成为第二次工业革命的发源地之一，产生了普朗克、爱因斯坦、赫兹、伦琴等伟大的科学家，出现了西门子、奥托、卡尔·本茨等世界著名的发明家。印刷技术的革新也推动了 19 世纪社会文化的繁荣，社会科学、文学艺术的研究和创作十分活跃，新观点、新流派不断出现，产生了一大批文学家、艺术家、社会科学家。在德国出现了如哲学家黑格尔、历史学家兰克、科学社会主义思想家马克思、社会学家韦伯、文学家歌德、音乐家贝多芬等，欧美各国在社会科学、文学艺术方面也是群星灿烂。19 世纪是德国和欧美各国思想活跃的时代，是创新的时代，是教育、科技、文化繁荣的时代，这些方面的发展与繁荣都大大加速了第二次工业革命的到来。

19 世纪末 20 世纪初，美国的科学技术已由单纯模仿阶段进入应用和独创时期。新兴的电学理论和电机制造技术起源于英国和德国，但是电机的完善和电力的大规模应用却是由美国发明家完成的。正是由于爱迪生创造了"巨象"发电机，发明了电灯泡，创造了世界上第一个电力照明系统，才引起输电、配电、变压等技术的发明和改进。后来塞尔维亚裔美籍科学家特斯拉发明了交流电动机，推动了大型火力及水力发电站的建立，让电力广泛地应用于工业、交通、通信和人们的日常生活。电力革命不但导致各个领域全面的技术变革，而且成为各生产部门和工作部门提高劳动生产率和工作效率的主要途径。正是由于电力革命，19 世纪末 20 世纪初，美国才将英国、法国老牌工业国家远远地抛在后面，科学技术中心也由欧洲转移到美国。

19 世纪初老牌的工业化国家英国和法国都已经实现以蒸汽机为动力的机械化，但是新兴工业国美国的机械化程度还不高，当发现电力是一种比蒸汽动力更具效率的新能源时，电力应用在美国快速得到推广应用。1859 年美国南北战争前夕，美国农业产量占全国商品量的一半以上。工业从 19 世纪初以来已经历了漫长的路程，可是仍旧只是占

32%。而到了 1899 年电力得到广泛应用之后，工业与农业的经济量比重发生巨变，工业经济量占整个经济的 53%，而农业产品仅占 33%。得益于电力及内燃机两大新能源技术的广泛应用，1870 年~1913 年，美国工业生产增长 8.1 倍，而同一时期英国增长 1.3 倍，法国增长 1.9 倍。1902 年~1929 年美国公用和企业用的电站的发电量由 59 亿度增长到 1167 亿度，1880 年~1929 年石油产量由 2628 万桶激增到 10 亿桶，电力和石油已成为美国的主要能源。1929 年美国工业总产值在世界工业总产值中的比重达到 48.5%，超过了英、法、德、日四国工业产值的总和。

汽车的普及大幅提升了交通运输效率，农村人口向城市的转移，有力地推动了美国的城市化，打开了国内庞大的消费市场，从而促进了服务业的繁荣。1870 年~1940 年，美国城市由 663 个猛增到 3464 个，增长了 4 倍；城市人口由 990 万增长到 7400 万，增加了 6.5 倍；城市人口在全国人口的比重由占 25.7% 上升到 56.5%，城市人口超过了农村人口，同时，城市网络密度加大，分布日趋改善，逐步形成了综合性城市与专业性城市相结合，大中小城市相结合的现代化城市体系。许多大中城市既是工业基地，又是商业金融和政治文化中心，城市的作用日益增强，美国的城市化基本实现。

第五章
第三次工业革命——信息化浪潮

计算机开启信息化时代

以科学技术为标志，从 18 世纪以来的两百多年人类经历了三次工业革命。蒸汽机的发明标志着第一次工业革命的兴起，电的发现与应用掀起了第二次工业革命的浪潮，电子计算机的诞生则拉开了第三次工业革命的序幕。19 世纪末 20 世纪初，信息传播载体从原来的书籍报刊向广播电视迁移，人类远距离沟通方式主要通过电报电话实现，信息传播效率快速提升。进入 20 世纪中后期，计算机及互联网所带来的信息革命使人类知识实现了数字化及虚拟化，互联网开启了知识共享新时代，社会出现信息大爆炸，人类认知能力出现第五次飞跃。

实际上，人类很早就有利用机器来辅助计算的意识，不过早期的都是功能极其简单的机械计算设备，与今天功能复杂的电子计算机不可同日而语。大约公元前600年的汉朝时期中国人就发明了算盘，大约1643年法国的帕斯卡设计出了机械式加法器，大约1812年英国的巴贝奇研制出了第一台数据处理差分机，大约1938年德国的朱斯研制了电磁计算机，大约1944年美国哈佛大学阿肯教授研制了自动程序控制计算机"马克1号"，随后1946年世界第一台电子计算机"ENIAC（中文：埃尼阿克）"在美国宾夕法尼亚大学宣告诞生，它标志着计算机时代的来临。

"埃尼阿克"电子计算机

20世纪50年代是计算机研制的第一个高潮时期，那时计算机中的主要元器件都是用电子管制成的。这个时期的计算机发展有三个特点：即由军用扩展至民用，由实验室开发转入工业化生产，同时由科学计算扩展到数据和事务处理。1943年美国国防部批准了由美国宾夕法尼亚大学莫克利和埃克特教授提出的，制造一台由电子管构成的"电子数值积分和计算机"（简称ENIAC)计划，其目的是用来

智能化浪潮：
正在爆发的第四次工业革命

计算新型火炮的弹道轨迹。ENIAC 于 1946 年 2 月交付使用，它由 17468 个电子管、6 万个电阻器、1 万个电容器和 6 千个开关组成，重达 30 吨，占地 160 平方米，耗电 174 千瓦，耗资 45 万美元。尽管这台 ENIAC 计算机每秒只能运行 5000 次加法运算，但是它却是人类历史上第一台实用数字电子计算机，无论是运算速度、精度还是可靠性，是当时任何机械式或电动式计算机都无法望其项背的。比较戏剧性的是，本为战争需要而研制的 ENIAC 计算机，在"千呼万唤始出来"之时第二次世界大战已经结束了。

尽管在美国军方的支持下世界上第一台电子计算机已经研发成功，但是 ENIAC 本身存在两大致命缺点：第一，没有存储器；第二，用布线接板进行控制，调整工作量巨大。在 ENIAC 尚未正式投入运行前，正在参加原子弹研制工作的美籍匈牙利科学家冯·诺伊曼提出了关于 ENIAC 的改进建议。为此，冯·诺依曼于 1945 年撰写了长达 101 页的研究报告，广泛而具体地介绍了制造电子计算机和程序设计的新思想，核心内容是：抛弃十进制，采用二进制作为数字计算机的数制基础以及计算机应该按照程序顺序执行。冯·诺伊曼的计算机方案明确规定了计算机的五大部件，并用二进制替代十进制运算，极大方便了计算机的电路设计，奠定了现代计算机体系结构的基础。直到 70 多年后的今天，遍布全球数亿的大大小小的计算机都仍然遵循着冯·诺依曼的计算机基本结构，因而冯·诺依曼也被称为"现代计算机之父"。

19 世纪末至 20 世纪初，电力作为代替蒸汽动力的新能源已被广泛应用到各行各业，许多计算设备开始用电作为动力，各种电动制表机、模拟计算机，纷纷研制出来并被应用。其中被载入计算机发展史的有：1890 年赫尔曼·霍勒里斯研制的世界上第一台较为完善的用于美国人口普查的制表机，霍勒里斯看到他的发明商用前景，于 1896 年创办制表机机器公司，1911 年与其他三个公司合并组成了一个公司，1924 年改名为国际商用机器公司（简称 IBM），随后数十年发展成为世界著名的跨国计算机巨头。IBM 公司于 1952 年推出了程序控制的计算机 701，1955 年又推出了 702，后来形成了 700/7000 系列，使 IBM 公司成为早期全球计算机制造商的绝对领导者，冯·诺伊曼也成为其顾问。IBM

1981 年生产的 IBM 个人计算机

在第二次世界大战后，成功地领导了计算机技术的革命，它使得计算机从政府走向社会，从单纯的科学计算走向商业应用。

20 世纪 50 年代末至 60 年代初，半导体集成电路的发明和飞速发展，引发了计算机硬件史上的又一次革命。计算机电子元件从电子管到晶体管，再到集成电路，每一次技术升级都使计算机性能出现一次飞跃，而成本、体积及功耗都大幅下降。1965 年时任仙童半导体公司研究开发实验室主任的戈登·摩尔（后来创办 Intel）提出了著名的"摩尔定律"：集成电路芯片上的晶体管数目，每隔 18 个月就翻一倍，性能也将提升一倍。其后的芯片发展历史，无可争辩地印证了摩尔卓越的预见性。1990 年，布什总统授予摩尔美国技术奖。从 20 世纪 50 年代兴起的计算机产业到了 20 世纪 70 年代又到了一个新的分水岭，在此之前 IBM、通用电气公司、美国广播公司、兰德公司、CDC 公司等多家公司都纷纷推出性能、价格各具优势的小型计算机。20 世纪 70 年代之后，苹果、微软、甲骨文、CA、ACER、3COM 等公司纷纷成立，这些日后的巨头公司不断在硬件及软件方面对计算机进行改进，最终将计算机推向大众市场，从而迎来了一个个人电脑普及的 PC 时代。

20 世纪 90 年代随着个人电脑的快速普及，互联网也快速兴起。互联网（Internet）最初产生于 1969 年，它的前身是美国国防部为准军事目的而建立的阿帕网 (ARPAnet)，ARPAnet 的早期试验奠定了 Internet 存在和发展的基础，后来商业机构很快发现了 Internet 在通信、资料检索、客户服务等方面的巨大潜力，于是世界各地的无数企业纷纷涌入，从而开启了一个蓬勃发展的互联网时代。1995 年互联网发展到第一个高潮，这一年被称为"国际互联网年"。

第三次工业革命是人类文明史上继蒸汽技术革命和电力技术革命之后科技领域里的又一次重大飞跃，以电子计算机、原子能、空间技术和生物工程的发明和应用为主要标志，人类社会经历了机械化及电气化之后，终于进入信息化时代。电子计算机的发明及应用大大推进了原子能、航空航天及生物医疗领域的技术革新，信息化提升了人类的沟通与协作效率，加速了经济全球化的到来。信息作为继材料、能源之后的又一重要战略资源，它的有效开发和充分利用，已经成为近代社会和经济发展的重要推动力和取得经济发展的重要生产要素，它正在改变着人们的生产方式、工作方式及生活方式。

"信息高速公路"掀起互联网浪潮

19 世纪末跨越北美的铁路建设以及 20 世纪 50 年代美国高速公路网的建设都成为美国政府抑制萧条、刺激经济增长的战略举措，并取得令人满意的效果。鉴于 20 世纪 50 年代以来计算机的快速发展对社会经济发展产生越来越重要的影响，克林顿和戈尔于 1992 年提出了建设"信息高速公路"的构想，计划以此重振美国经济。1992 年，克林顿在其总统竞选文件《复兴美国的设想》中强调指出："20 世纪 50 年代在全美建立的高速公路网，使美国在此后的 20 年取得了前所未有的发展。为了使美国再度繁荣，就要建设 21 世纪的'道路'，它将使美国人得到就业机会，将使美国经济高速增长。" 1993 年 1 月克林顿就任美国总统后不久，很快授权成立了"信息基础设施特别小组"，由商务部长罗恩·布朗领导，副总统戈尔、总统经济顾问委员会主席劳拉·泰森以及一批经济、法律、技术专家和电信工业界代表组成，特别小组的核心成员每星期都在白宫聚会讨论。

1993 年 9 月，克林顿政府正式推出跨世纪的"国家信息基础设施"工程计划（NII，National Information Infrastructure），通俗的叫法就是"信息高速公路"计划。其内容是：计划用 20 年时间，投资 2000 亿～ 4000 亿美元，建造遍布全国的信息基础设施，从而推动计算机科技和通信技术的飞速发展，服务范围包括教育、卫生、娱乐、商业、金融和科研等机构及家庭，使所有的美国人方便地共享海量的信息资源。克林顿政府认为，所有的美国人都与建设这个先进的国家信息基础设施密切相关，它将有助于发动一场新的信息革命，通过这场革命彻底改变人们的生活、工作和相互交往的方式，最大限度地发挥美国人的才干，推动国家的经济增长，保持它在世界竞争中的优势地位。美国"信息高速公路"计划抓住了当时全球技术发展趋势的核心，极富远见，因此该计划一经出台，立即引起了世界各国政府的重视和响应，各国竞相效仿，纷纷推出本国的信息高速公路计划，于是20世纪90年代末全球掀起了一股高速网络建设热潮。

美国最早认识到计算机和信息技术的重要性，其投资占全世界计算机业总投资的40%，按人口平均对信息技术的投入是欧洲的2倍、世界平均水平的8倍，劳动者人均计算机占有量是欧洲、日本的5倍。在实施"信息高速公路"计划五年之后，美国信息产业给出了一张令人满意的成绩单。美国商务部和美国电子协会在1999年发布的统计数字表明，在过去5年里，美国信息技术的发展为美国创造了1500多万个新的就业机会，高新技术已成为美国雇佣职工最多的行业，其职工工资比全国私营企业平均水平高出73%，电脑和电信业的增长速度是美国经济增长速度的两倍。1991年~2001年，美国设备投资年增长10.1%，其中增长最快的是计算机和软件行业，计算机的增长率最高，达到43.6%，而在此期间，计算机和软件的投资金额占全部设备投资的49.5%。1997年，美国IBM公司产值达30多亿美元，美国CA公司软件收入近40亿美元，美国微软公司达90多亿美元。据专家估计，信息高速公路计划将使美国的高速公路、航运工作量减少40%，能源消耗相应减少40%，劳动生产率提高20%~40%，每年为工业创造新的销售额 3000 亿美元。

得益于美国政府在信息产业方面的巨大投入及政策刺激，20 世纪 90 年代美国经济在保持低通货膨胀率和低失业率情况下连续增长近十年。美国经济从 1991 年 3 月开始回升到 2000 年 5 月纳斯达克泡沫破灭后回落，持续增长长达 111 个月，成为美国历史上持续时间最长的经济增长周期，在"黄金十年"中美国创造了历史上罕有的经济奇迹。特别是 20 世纪 90 年代后期，出现了"两高两低"的局面，即高经济增长率、高生产增长率和低失业率、低通货膨胀率并存的现象，经济学家于是把这种有别于传统产业的经济增长称为"新经济"。1995 年~1998 年，美国经济增长来源于信息技术及相关产业的贡献率高达 35%。到 2001 年，信息产业对经济增长的贡献率远远超过制造业、钢铁业与汽车业这三大产业贡献率的总和，成为美国经济持续增长的"火车头"。尤其是计算机软件业，自 20 世纪 90 年代以来，每年都在以 12% 的速度迅速增长，比美国经济增长率要高出四五倍。雅虎、亚马逊、谷歌、eBay 等今天的美国互联网巨头企业大部分诞生于这一时期，硅谷也发展成为全球科技及互联网产业的中心，凝聚了全球最顶尖的科技人才及风险资本。伴随着劳动生产率的迅速提高和美国经济的持续增长，20 世纪 90 年代美国国际竞争力也得到了快速提升。根据瑞士洛桑国际管理发展学院(IMD)统计数字，美国于 1994 年在世界竞争力排行榜上重新夺冠，至 2002 年仍继续保持世界第一的领先地位。

联合国相关研究表明，宽带网络的部署是当前全球经济增长和持续复苏的最重要的驱动力之一，也是未来数十年中最关键的经济驱动力。宽带网络是未来信息社会经济发展的主要基础设施和战略资源，

21 世纪之后很多国家已将宽带网络列为和水、电、气、公路一样重要的公共基础设施，日本、韩国更是将宽带网络视为"立国之本"，美国、英国、新加坡、澳大利亚的宽带网络战略正开展得如火如荼。今天美国信息产业称霸全球，为美国经济社会的发展做出了巨大贡献，恰好离 1993 年克林顿政府启动全美"信息高速公路"计划大概 20 多年的时间，毫无疑问这个计划已经获得了超出预期的效果。

页岩气革命化解石油危机

20 世纪以来随着全球工业的迅速发展、人口的增长和人民生活水平的提高，交通运输、化工生产及居民取暖等能源消耗量大幅增长，对石油、天然气等化石能源的需求也快速飙升，能源短缺已成为世界性问题，能源安全受到越来越多国家的重视。石油的供应受到主要产油国家的控制，包括阿拉伯联合酋长国、沙特阿拉伯、挪威、科威特和委内瑞拉等，石油价格的大幅波动对全球经济造成严重冲击。迄今为止人类经历了三次公认的石油危机，分别发生在 1973 年、1979 年和 1990 年。与此同时，一些组织，例如罗马俱乐部，于 1972 年发布的报告《增长的极限》中曾经悲观地预言：世界石油在 20 世纪末会用光。直到今天，第四次石油危机没有到来，世界的石油产量也没有消耗完毕，其中一个重要原因是新技术的发展使石油的开采变得更有效率，其中页岩气及页岩油的开采使石油的供应量至少够人类使用 100 年。同时，人类也在不断寻找新的替代能源，从而对石油的依赖有望出现下降的趋势，毕竟石器时代的结束并不是因为人们没有足够的石头了，而是一个新的时代已经到来。

页岩气是指主体位于暗色泥页岩或高碳泥页岩中，以吸附或游离状态为主要存在方式的天然气聚集。从某种意义来说，页岩气藏的形成是天然气在源岩中大规模滞留的结果，由于储集条件特殊，天然气在其中以多种相态存在。美国很早就开始了页岩气开发的技术研究，20世纪70年代以来，美国政府相关机构投入了大量资金用于页岩气的地质和地球化学探索研究。经过近30年的技术沉淀和经验积累，直到2000年左右水平钻井及水力压裂技术的成熟才推动页岩气实现大规模商业开发。1998年，美国页岩气产量仅85亿立方米，而2010年页岩气产量迅速增加到1379亿立方米，页岩气占美国天然气年产量的比重也由1998年的不到2%上升至2010年的23%。

水平井和水力压裂法

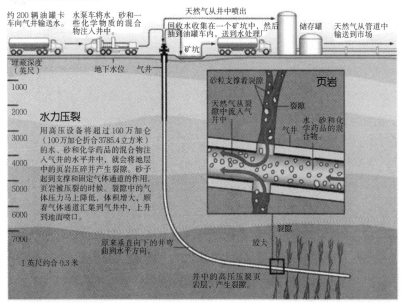

水力压裂技术示意图

美国的页岩气革命正在改变美国乃至全球的天然气市场格局。从2010年起的5年里，美国页岩气产量增长超过20倍，页岩气产量占天然气总产量的比重由2010年的23%提高至2013年的40%，美国已经连续四年超过俄罗斯成为世界第一大产气国，并且成为中亚、中东、俄罗斯之外的一个新的全球天然气供应中心，已探明可采储量可以保证美国未来超过100年的天然气需求。页岩气革命正在推动美国由一个天然气进口大国转变成天然气出口大国，2009年美国天然气出口为303.2亿立方米，2012年已增加到458.6亿立方米。由于页岩气等非常规天然气产量的爆发性增长，使得美国国内的天然气价格一路下滑，自2000年起价格已经暴跌超过2/3。2012年4月曾经跌至每百万英热量（以下简称MMBtu）不到2美元（约为0.5元/立方米）的最低点，随后几年也维持在3~4美元/MMBtu的价格水平。

受页岩气勘探开发成功经验的启发，美国把页岩气开发的新技术和经验引入到曾被认为没有商业开采价值的页岩油（也称致密油）资源。继页岩气革命成功后，美国的页岩油也于2009年始进入商业化开发阶段，使美国原油产量出现了爆发式增长，原油供应出现过剩，进口原油占美国国内消费比重从2005年的60%大幅下降至2014年的30%。美国是目前全球页岩油勘探开发最成功的地区，页岩油已成为美国原油产量增长的主要驱动力，其页岩油产量由2007年的0.34万桶/日激增，并于2013年超过348万桶/日，年复合增长率超过50%。2014年美国石油总产量大幅上升，达到日产895万桶（其中页岩油约占50%），为近30年来最高水平。按照国际能源署(IEA)的估计，到2020年美国会超过沙特，成为全球最大的产油国。也许正是受美国页岩油产量暴涨的冲击，2014年下半年国际油价在短短七个月内出现近 60% 的暴跌，一度逼近 40 美元 / 桶，离 2008 年金融危机前 150 美元 / 桶的油价最高峰值已经跌去大约 75%。

2009 年以前的美国是全球最大的石油进口国，每年原油进口量达 5 亿吨，占美国原油消费量的 60% 以上，美国贸易赤字 60% 来源于石油进口。在 1970 年至 2009 年间，美国花费了大约 4.9 万亿美元来进口石油。巨大的石油进口量给包括石油输出国组织在内的所有产油国创造了巨额的美元储备，美国也成为全球最大的债务国。此外为保证能源安全，美国长期在世界主要产油区域保持军事力量，甚至不惜通过战争来实现能源安全，巨额的军费开支造成了美国财政赤字的高涨，页岩气及页岩油革命带来的能源独立将扭转这一局面。近几年页岩气革命为美国相关产业带来了上百万个就业岗位，而且天然气价格的大幅下降又使美国年人均开支减少近 1000 美元。此外较低的天然气价格及能源成本，赋予了美国企业巨大的竞争优势，加速工业回迁及制造业复苏，推动美国率先走出 2008 年金融危机的阴霾，对美国经济复苏产生重大影响。

美国页岩油气的商业化开采过程中，油页岩水平钻探和"水力压裂"技术日臻成熟并得到大范围推广，为其他国家油页岩的开发利用提供了复制的范本，这对世界石油工业的发展都是不小的贡献。中国、英国等国家受到启发，也开始制定本国的页岩油气开发利用计划，一场全球性的页岩油气开发浪潮似乎触手可及。据美国能源信息管理局 2013 年的一份报告，中国拥有的技术上可被开采出来的页岩油储量居世界第三，仅次于俄美。中国的页岩气储量全球第一，但在开发上落后于美国。基础设施差、地形和地质条件复杂、开发技术不成熟等都可能成为中国开发页岩油气的重大挑战，但是这些不妨碍中国实现能源独立的巨大潜力。实际上，从 2013 年 9 月起中国已经取代美国成为头号石油进口国，中国每天进口石油 630 万桶，而同期美国为 624 万桶。这一划时代的变化，将可能改写全球的地缘政治。

光伏发电为何走进死胡同

进入 21 世纪以来，欧洲经济的高速发展使能源消耗也相应大幅增加。化石能源因其不可再生性及对环境的破坏性使欧洲各国将目光转向风能、太阳能等可再生清洁能源。在欧洲，风能比太阳能发展早，风力发电因技术成熟、可靠性高、成本低且规模效益显著在欧洲大陆得到广泛应用。虽然光伏发电技术在欧洲大范围应用相对较晚，但增长迅速，现已成为欧洲最重要的可再生能源之一。光伏发电可直接将太阳辐射能转换为电能而不排放污染物的优点被人们寄予厚望。虽然在制造光伏组件期间会消耗一定能量，但光伏组件在其寿命周期内却能产生大于制造能耗约 10 倍的能量。很多发达国家都希望通过光伏发电技术的大规模应用来大幅减少对煤炭、石油等传统化石能源的依赖。在 2008 年金融危机之前，很多欧洲国家对光伏发电非常热衷，如德国、意大利、西班牙、希腊、爱尔兰、葡萄牙、奥地利及法国等。巧合的是，这些光伏发电量排名前列的欧洲国家基本上又是欧洲债务及财政赤字最高的国家，光伏发电巨额的投资支出及财政补贴也许也是导致欧洲国家陷入主权债务危机的重要影响因素。

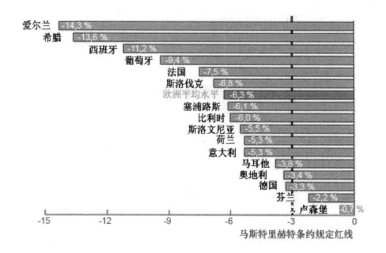

2009 年欧洲各国公开赤字与 GDP 比例

德国为了保持其国内能源的持续供应力及改善国内自然环境，于 2000 年实施了可再生能源法，并于 2014 年对该法案做了最新修订。该法案被看作是德国光伏发电发展的原动力，主要内容包括：优先接入电网的权利、长期的高于市场价的固定上网电价，以及对用户收取可再生能源法附加费以进行发电成本的再分担。德国政府征收附加费的初衷在于降低光伏发电成本，但实际上这种做法将光伏发电成本直接转嫁给电力终端消费者，居民用电费用比欧盟平均水平高出一半左右。

尽管有不少人认为，第三次工业革命或者第四次工业革命主要是可再生能源革命，其中以分布式太阳能光伏发电为典型。但是不少国家的实践经验证明，这样的愿景很美好，可实际上根本不可行。众所周知，目前太阳能光伏发电由于技术不成熟，例如光电转换率低、光

智能化浪潮：
正在爆发的第四次工业革命

伏板寿命低等因素，导致发电成本大幅高于化石燃料的发电成本，并且也比水电、风电等可再生能源成本高不少，如果没有政府的政策补贴，在商业市场上光伏发电基本没有任何竞争力。根据《BP 世界能源统计报告 2014》指出，2013 年全球光伏发电量为 124.8 太瓦·时，仅占全球当年发电总量的 0.54%。光伏发电量最大的是德国，德国光伏发电也仅占全国发电量的 4.73%，占再生能源发电的 20%。尽管提高光电转换率和延长光伏板寿命，使其生产成本减少可能会更具竞争力，但目前太阳能发电依然是迄今为止最昂贵的可再生能源发电方式。正如初期大家期望的那样，德国推广的恰恰也是成本最昂贵的屋顶分布式光伏发电方案，装机占比近 80%，因而德国政府每年要为光伏产业补贴接近 100 亿欧元，巨额的财政支出最终通过电价转移到居民头上，造成德国居民正在承受着全欧洲最昂贵的电价。2012 年德国的一份研究报告表明，德国的太阳能光伏产业耗费了政府约 50% 的绿色能源补贴，却只满足了德国大约 3% 的电力需求。德国总理默克尔的能源政策顾问、经济学家厄尔德曼也表示，发展太阳能可能是德国在环保政策上"最昂贵的错误"。

目前在世界范围内，光伏发电技术主要分为大型地面式光伏电站和屋顶分布式光伏发电两大类。这两种技术从早期看各具特点和优势，很难分清优劣，但是从近几年光伏产业发展的实践经验看，本来被政策寄予厚望的屋顶分布式光伏发电瓶颈越来越明显，推广难度比光伏电站更大。根据中国国家能源局的信息显示，截至 2014 年年底，中国光伏发电累计装机容量 2805 万千瓦，同比增长 60%，其中，光伏电站 2338 万千瓦，分布式 467 万千瓦，分布式大约是光伏电站装机量的 20%。按照国家能源局的规划，2014 年年初拟定的目标是全年新增备案总规模 1400 万千瓦，其中分布式 800 万千瓦，光伏电站 600 万千瓦。但是 2014 年最终实现新增装机容量仅 1060 万千瓦，其中光伏电站 855 万千瓦，分布式 205 万千瓦，分布式发电装机量远不达年初预期导致全年目标无法实现。

作为一种取之不尽的清洁能源，太阳能光伏发电从长远来看可利用空间是巨大的，但是从短期看技术的不成熟导致商业价值低下，政策的强行干预最终适得其反。在全球范围内，很多前期依靠政策补贴发展迅猛的光伏企业，在后期政府削减补贴及国际市场反倾销的影响下纷纷陷入破产倒闭的困境。而近十年来，各国推出的一系列产业政策催生了光伏产业的严重泡沫，政府的巨额补贴导致技术水平低下的光伏产品得到大规模推广，实际上削弱了企业研发新技术的动力。错误的产业政策不但没有推动行业良性发展，反而起到保护落后、阻碍创新的负面影响，可以说这是一次全球范围内的失败的产业政策。事实上，能源政策的错误导向并不仅仅这一次。沙特石油部长纳伊米 2008 年在原油价格位于 100 美元高位时批评说，由于美欧对于能源前景的错误判断导致了数十亿美元浪费到生物燃料的投资上，进一步恶化了石油产业投资不足的问题。美欧轻率倡导生物燃料并没有起到稳定世界石油价格的作用，却导致了世界粮食价格的增长。

实际上，并不是所有产业政策都带来负面影响，历史有很多产业政策对技术进步产生重大推动作用。比如第一次工业革命期间英国针对纺织业的产业政策，第二次工业革命期间美国对电力及汽车产业的支持政策，还有 20 世纪 90 年代克林顿的"信息高速公路"计划等，这些产业政策就取得了远超预期的效果。一般情况下，如果一个新兴行业还有重要的技术瓶颈无法攻克，那么政策上更应该支持企业做技术上的突破，而不是通过财政补贴来创造需求，让一些不成熟的技术得到广泛推广，一旦政策调整则可能导致产业泡沫破裂。比如页岩气革命的产生是源于水平钻井及水力压裂技术取得了突破，让页岩气产量大增同时成本快速下降，从而具备市场竞争力，而不是因为美国政府的巨额财政补贴。如果美国政府从20世纪70年代起就开始通过财政补贴推广落后的页岩气开采技术，那么很可能水力压裂技术也止步不前，也就没有后来的页岩气及页岩油革命，这将是人类能源历史上最大的遗憾。

高速铁路掀起陆上交通革命

人类历史上每一次工业革命都伴随着信息技术、能源技术及交通技术的变革，比如第一次工业革命蒸汽动力推动了火车及汽船的发展，第二次工业革命内燃机应用于汽车，让人类告别了马车时代。但是20世纪50年代以来的第三次工业革命主要体现在以计算机及互联网为代表的信息技术革命上，能源上并没有产生特别大的变化，依然是石油、天然气及电力成为社会发展的主要能源形式。20世纪产生的新能源是原子能，但是由于高成本、高污染及安全性差等技术条件限制很难作为一种可普遍推广的能源形式，只在核潜艇、核动力航母、核动力火星车及少数核电站得到应用。正因为近半个世纪以来并没有产生显著的能源革命，因而也就没有显著的交通革命，航空航天的普及性不高也就算不上真正的交通革命。但是因为铁路电气化及信息化改造产生了可普及应用的高速列车，这比传统的依靠蒸汽机及内燃机为动力的火车有极大的技术进步，也让人们出行效率大幅提升。高速列车具有载客量大、运送能力强、速度快、安全性好、正点率高、舒适方便等优点，已经成为目前速度最快的陆上交通工具，目前世界上许多国家正在修建或计划修建高速铁路，其发展前景令人瞩目。

①高铁的探索初级阶段　从 20 世纪 60 年代到 70 年代末，以日本 1964 年开通第一条高速铁路东海道新干线为标志，开通时最高运营速度为 210 公里／小时，全程 515.4 公里。从东海道新干线开始，高速铁路在工务工程、高速列车、牵引供电以及通信信号等领域都对传统铁路进行了重大革新。由于高速铁路发展尚处于探索阶段，没有既有的经验可借鉴，需要反复的论证和试验，而且从高速铁路发展成效显现到加快发展高速铁路达成共识需要一定的过程，因此高速铁路发展缓慢。在高铁发展初期的 20 年中，全世界只有日本先后于 1964 年和 1975 年建成了东海道新干线和山阳新干线，总里程 1069 公里。

1964 年开通的日本东海道新干线

智能化浪潮：
正在爆发的第四次工业革命

②高铁的扩大发展阶段　从 20 世纪 80 年代初到 20 世纪末，以 1981 年法国第一条高速铁路 TGV 东南线开通运营为标志，开通时最高运营速度 270 公里 / 小时，是世界高速铁路进入最高运营速度 250~300 公里 / 小时新时期的转折点。随着高速铁路技术研究开发与应用的不断深入，高速铁路技术体系不断完善。除日本新干线技术体系继续发展，法国、德国、意大利也先后形成了各具特色的高速铁路技术体系和系列化产品，分别于 1981 年、1991 年、1992 年开通了本国第一条高速铁路，并开始制定和逐步实施庞大的高速铁路发展规划。从 20 世纪 90 年代开始，伴随着已建成高速铁路的成功运营，以及可持续发展理念逐步成为共识，高速铁路对经济社会可持续发展的重要作用日益显现，欧洲其他发达国家也开始通过技术引进发展高速铁路，西班牙、比利时分别在 1991 年、1997 年开通了本国第一条高速铁路。其他国家 (如荷兰、瑞典等) 也制定了高速铁路发展规划。在 20 世纪最后 20 年中，日本、欧洲共新建高速铁路 3000 多公里，是 20 世纪 80 年代以前新建高速铁路的 3 倍多。

③高铁的快速发展阶段　从 21 世纪初开始，以中国高速铁路的快速崛起为标志。中国 2004 年制定的《 中长期铁路网规划 》和 2008 年的《 中长期铁路网规划 (2008 年调整)》，构建了中国高速铁路发展的宏伟蓝图。在短短数年时间内，中国已经成为世界上高速铁路系统技术最全、集成能力最强、运营里程最长、运行速度最高、在建规模最大的国家。中国通过引进消化吸收再创新，系统掌握了时速 200 ～ 250 公里动车组制造技术，成功搭建了时速 350 公里的动车组技术平台，研制生产了一批现代化高速列车。自 2008 年 8 月 1 日中国第一条 350 公里 / 小时的高速铁路——京津城际铁路开通运营以来，高速铁路在中国大陆

迅猛发展，建成了京津、沪宁、京沪、京广、哈大等一批设计时速350
公里、具有世界先进水平的高速铁路。到2015年底，中国高铁运营里
程达到1.9万公里，居世界第一，占世界高铁总里程的60%以上。

穿越崇山峻岭的中国高铁

　　中国高速铁路的快速发展，为世界高速铁路发展注入了强大动力，
对其他国家产生了强大的示范作用，形成了中国高铁发展的世界效应，
美国、波兰、俄罗斯、土耳其等国家纷纷加快实施本国的高速铁路发
展规划，南美洲、亚洲的一些发展中国家，如阿根廷、巴西、伊朗、
越南等，也纷纷加入高速铁路发展行列。中国高铁技术先进、安全可
靠，成本具有竞争优势，因而成为很多国家发展高铁的主要合作伙伴。
世界银行在2014年7月发布的《中国高铁分析报告》指出，中国的
高铁建设成本大约为其他国家的三分之二，而票价仅为其他国家的四
分之一到五分之一。自2013年以来，"中国高铁"已成国家领导人
出访的新外交名片，随着"一带一路"战略实施以及亚投行成立，基
础设施的互联互通越来越受到重视，中国高铁在加快走出国门的速度。

第三篇　第四次工业革命
——智能化浪潮

Intelligence Revolution

03

正在到来的第四次工业革命，将是近代人类文明继机械化、电气化及信息化之后的一次大规模的智能化浪潮，突破性创新将主要集中在新一代信息技术、新能源及新交通技术三大领域。

第六章
大数据掀起新认知革命

又一次认知革命

人类科技发展史本质上也是一部信息革命史。人类诞生至今大概经历了五次认知革命，分别是：语言革命、文字革命、印刷革命、通信革命及信息革命，每一次认知革命都让人类的认知能力出现飞跃，新的科学理论及科学技术不断涌现，从而更好地认识世界和改造世界。

数十万年前语言革命推动人类从动物种群中分离出来，成为独特的智慧生物，人类的经验可以被传承下来，人类出现第一次认知飞跃，人类开始进入属于智人的狩猎采集时代。5000多年前文字革命使人类的经验、方法可以被固化下来成为知识，并且方便传承到下一代，知识也向不同地域扩散，有文字记录的人类文明由此诞生。15 世纪中期活字印刷革命使人类获取知识的门槛大幅降低，知识开始大范围传播，科学与技术快速兴起，人类认知能力出现第三次飞跃，工业文明开始萌芽。19 世纪初电信革命让人类远距离沟通方式从单向的书信邮递往双向的电报电话转变，信息媒介也从原来的书籍报刊向广播电视迁移，信息传播效率大幅提升，人类进入电子通信时代。20 世纪中后期计算机及互联网带来的信息革命使人类知识实现了数字化及虚拟化，并且开启了知识共享新时代，出现信息爆炸，人类认知能力出现第五次飞跃。

而随着大数据、云计算、物联网及人工智能等新兴技术的快速发展，人类正迎来第六次认知革命，认知能力将再次飞跃，从而最终进入到智能化时代。物联网及大数据技术出现，信息的来源渠道非常丰富，通过加工提炼可得到大量有价值的信息，并且在实践中不断验证和优化，最终获得大量知识及规律用于指导决策，从而破解信息爆炸难题。也正是得益于大数据、人工智能等新一代信息技术的发展，人类的认知能力终于有机会突破自身的生理限制，对于更加微观和宏观的世界将有更深层次的认识，比如对人类基因变异、人类大脑智慧形成以及深空宇宙探测、外星文明等重大问题将可能取得突破性成果。

人类对世界的探索一直是永无止境的，好奇心是人类创新的动力源泉。在古代，众多神秘莫测的自然现象使人类迷惑不解，我们的祖先投入大量时间精力希望能找到支配自然界的法则。在 14 世纪欧洲文艺复兴之前人类数十万年的历史长河中，很多超出人类认知能力而无法解释的事情都几乎会被归到上帝创造的行列里，比如从最早的采集狩猎时代的图腾崇拜，到农耕时期的各类宗教体系。直到欧洲文艺复兴之后，哥白尼提出"日心说"人类才认识到宇宙的中心并不是地球；牛顿发现万有引力定律之后，人类才认识天体运动的规律；达尔文创立进化论之后，人类才真正认识到生命的起源。正是基于这些认识，人类才推翻了长期占统治地位的经院哲学的"神创论"假设，科学理论也才出现历史性的飞跃。

逻辑思维创始人罗振宇认为："互联网时代，每个人都越来越自由，每个人都可以把自己的优势发挥出来。这个时代，唯一限制我们的是什么？是认知！"现代人类认知能力的提升主要来源于知识的积累，知识的来源主要有三个途径，分别是教育、个人阅读和社会实践经验。教育又包括了学校教育和家庭教育，这是青少年时期也就是中小学时期个人主要的知识来源，这时的个人阅读还仅是一种补充；到了青年时期也就是上大学阶段，个人知识更多来源于阅读，这就不难理解为什么每所大学的图书馆藏书量都成为一所大学非常重要的资产；而到了个人从学校走进社会工作之后，通常情况下个人阅读量都会下降，而社会实践经验会慢慢取代阅读成为新知识的主要来源，但只有通过不断的阅读才更好将碎片化的实践经验系统化为知识，从而提升个人的创新意识和创造能力。

一项关于"认知能力"的研究

英国有一部令人叹为观止的伟大纪录片，名字叫《人生七年》，从 1964 年开始拍摄已经坚持了 50 年从未间断（每 7 年一集），并在

ITV和BBC播出，该纪录片真实地记录了14名英国儿童从7岁（1964）到56岁（2012）的人生轨迹。研究结果发现，家庭背景对个人成就几乎具有决定性的作用，依靠个人努力走上人生巅峰的可能性并不大。在社会结构非常稳定的西方社会，阶层已经固化，能够实现人生逆袭的机会并不会太多。这个结果令人十分沮丧，至少在过去近半个世纪的英国是这样，但是这并非意味着个人努力毫无价值。

很显然，谁都无法决定自己的家庭出身背景，个人是没有权利去选择谁将成为自己的父母。尽管家庭背景是先天决定的，但是个人可以通过后天努力对自己

拍摄了50年的BBC纪录片《人生七年》

做出一些改变，比如自己的性格、知识与能力，也即是心理学上讲的"人格"与"认知能力"。那么人格与认知能力对人们成年之后的成就大小有什么影响？这两个因素上的优势能否弥补家庭条件的劣势？科学家们对此问题展开了系列研究。

伊利诺伊大学香槟分校的达米安研究团队分析了美国一项长达11年的追踪数据，从受教育程度、经济收入和职业成就三个方面检验了人格、认知能力和家庭背景的影响，并将研究结果发表在《人格与社会心理学杂志》。该数据来源美国研究学会一项名为"天才计划"（Talent

Project）的追踪研究，包括了 81000 个参与者的有效数据。研究结果显示，认知能力对受教育程度、经济状况和职业成就均有巨大的影响。认知能力对家庭背景不好的人作用更加突出：家庭背景不太好的个体，如果其认知能力越高，成年后的经济收入将越高。从达米安等人的研究结果来看，个人取得重大成就的关键是认知能力，而不是人格因素，而且认知能力的优势可以弥补家庭条件的劣势。

全民阅读真的很重要吗

有一位旅居中国的印度工程师，他从法兰克福飞往上海的飞机上观察到一个奇怪的现象：当飞机在万米高空飞行的时候，安静的机舱里不睡觉玩 iPad、玩手机的基本上都是中国人，而且他们基本上都是在打游戏或看电影，没看到有人读书。其实在法兰克福机场候机时，他就已经注意到，德国乘客大部分是在安静地阅读或工作，而中国乘客大部分人要么在穿梭购物，要么在大声谈笑和比较价格。因此，这位印度工程师得出一个结论，现在的中国人似乎很难坐下来安静地读一本书！当这位印度朋友将他的观察发到网络上的时候，很快引发了大量中国网民的热烈讨论，也许大家都在思考，中国人真的不喜欢阅读吗？更深层次的问题就是，我们现在还有没有必要进行大量阅读？

中国人到底喜不喜欢阅读？我们或许可以从一些调查数据中找到答案。由中国新闻出版研究院组织实施的第十三次全国国民阅读调查

纽约地铁车厢中认真阅读的乘客

显示，2015年中国人均纸质图书的阅读量为4.58本，人均阅读电子书3.26本，纸质图书、电子书的阅读量比2014年略有提升。同时，调查结果还显示，超四成人认为自己阅读量较少。

没有对比就没有差距。中国人均阅读量调查数据与世界上其他国家相比是严重偏低的，公开调查数据显示就国民人均阅读量而言，韩国是11本，法国是20本，日本是40本，俄罗斯是55本，以色列是60本。就人均购书费用支出而言，1993年美国人均购书开销超过100美元，居于世界之首。而据中国国家统计局统计资料显示，中国人平均购书费用2007年为9.8元，2008年为9.13元。一项来自联合国对世界500强企业家读书情况进行的调查统计数据，日本企业家一年读书50本，中国企业家一年读书0.5本，相差100倍。

尽管个别调查数据难以找到权威出处，但是这些数据至少说明了一种现象，中国人阅读量还是太少了，年轻人不喜欢读书。尤其是在目前移动互联网及智能手机越来越普及的情况下，碎片化信息大量挤占人们的阅读时间，导致纸质图书、电子书的阅读量有不升反降的危险。很多人以为，经常上网看新闻，经常刷朋友圈，这样就不需要再去阅读整本书的必要了。实际上这可能是一个误区，就如经常吃快餐的人，偶尔也需要下馆子解解馋，否则时间久了就可能对美食失去了知觉。美国科技作家、《哈佛商业评论》原执行主编尼古拉斯·卡尔曾经在其著作《浅薄——互联网如何毒化了我们的大脑》中提出过这样的担忧，"在尽情享受互联网上海量信息时，我们的大脑正在牺牲深度阅读和思考能力"。现在越来越多的人没有耐心认真读完一本书甚至一篇深度长文，这是不争的事实。

总体上看，中国人貌似真的不太喜欢读书，那么我们现在还有没有必要进行大量阅读？俄裔美籍作家、诗人，1987年诺贝尔文学奖的获得者布罗茨基曾说过："一个不读书的民族，是没有希望的民族。"现代综合国力的竞争归根到底是人才的竞争，而人才的培养来自教育，来自知识的学习，其中阅读是一种非常重要的方式。可见阅读对于一个国家和民族而言其重要性是不言而喻的，国家的竞争力不但要关注经济"硬指标"，更要发展文化"软实力"。在这个世界上有两个国家的人最爱读书，一个是以色列人，另一个是匈牙利人。

以色列这个国家大部分都是犹太人，而且犹太人是世界上唯一一个没有文盲的民族，他们有敬书爱书、喜爱阅读的传统。在犹太人眼里，爱好读书看报不仅是一种习惯，更是一种美德。举一个典型的例子，在"安息日"，所有的犹太人都要停止一切商业和娱乐活动，商店、饭店、娱乐等场所都得关门停业，公共汽车要停运，甚至连航空公司的班机都要停飞，但是全国所有的书店都特许可以开门营业，这一天光顾书店读书和买书的人会很多，大家都在这里安静地读书，很自觉的不会大声喧哗吵闹。重视教育、爱好读书的犹太人，在科技、军事、教育、现代农业等领域都获得了举世瞩目的成就。以色列全国人口约 800 万，国土大部分是沙漠，自然环境十分恶劣，但以色列人却能把国土变成了绿洲，生产的粮食不但自己吃不完，还源源不断地出口到其他国家。自诺贝尔奖设立以来，犹太人大约共拿走了 20% 的化学奖、25% 的物理奖、27% 的生理与医学奖、41% 的经济学奖，这些研究成果很多都为人类文明的进步做出了巨大的贡献。

犹太人是人均阅读量最高的民族

在阅读上另一个可以比肩以色列的国家是匈牙利，匈牙利也是世界上读书风气很浓的国家，常年读书的人有数百万，占人口的 1/4 还多。匈牙利的国土面积和人口都不足中国的百分之一，但却拥有近两万家图书馆，平均每 500 人就有一座图书馆，而中国平均约 50 万人才拥有一所图书馆。一个崇尚读书学习的国家，当然回报也是丰厚的，匈牙利在物理、化学、医学、经济、文学、和平等众多领域累计有 14 人获得诺贝尔奖。若按人口比例计算，这个人口不到一千万的欧洲小国已是当之无愧的"诺奖大国"。

作为机械印刷革命的发源地，德国人古登堡 15 世纪发明的金属活字印刷术让欧洲人告别了目不识丁的黑暗时代。德国也是个嗜书如命的国家，阅读已经成了德国人一种生活习惯。据统计，德国每个家庭平均藏书近 300 册，人均藏书 100 多本。一个普通的德国家庭，每月购书支出达 50 欧元以上，占业余爱好支出的 10%。他们常说："一个家庭没有书籍，等于一间房子没有窗户。"德国还是全世界人均书店密度最高的国家，平均每 1.7 万人就有一家书店，首都柏林是德国书店最多的城市。在法兰克福，图书展览会差不多有 500 多年的历史。世界上最早的大学图书馆 1737 年诞生于德国哥廷根大学，它也是世界上藏书种类最多、功能最齐全的大学图书馆。在德国，任何一位德国公民或游客，只要持有能证明自我身份的有效证件，就可以自由进入任何大学图书馆，人们可以在此自由借阅任何书籍。德国历史上为什么出现如此众多的哲学家、思想家、文学家、艺术家和科学家，与他们博览群书有很大关系。

有"世界出版业奥运会"之称的法兰克福图书博览会

当然，俄罗斯也有"最爱阅读国家"的美誉，不论在首都莫斯科，还是在其他城市，不论在公园里，还是在地铁车厢内，到处可见有人在读书或看报。全国人口 1.4 亿的俄罗斯，私人藏书多达 200 亿册，平均每个家庭藏书近 300 册。即使如此，俄罗斯政府仍为国民阅读量下降感到忧虑，并将其视为一个严重的社会问题。2012 年俄罗斯政府在全国范围内采取紧急措施，制定《民族阅读大纲》，用法律手段保证国民爱好阅读的习惯得以延续。

我们都清楚未来中国经济增长要靠创新驱动，但是创新靠什么驱动呢？很显然创新归根到底要靠人才驱动，而创新人才的培养需要对教育、对知识要有足够的重视，只有不断提升人才的认知能力才能更好做出科技创新、管理创新。尽管 1994 年联合国教科文组织已经确定每年的 4 月 23 日为"世界读书日"，可许多发达国家仍然设立有本国特色的国家读书节、读书周，并将全民阅读视为重要的国家战略。

作为人均阅读量明显偏低的发展中大国，中国将以怎样的姿态来面对全民阅读这一问题将显得至关重要。实际上，自 2006 年开始，国家有关部门就联合发出了《关于开展全民阅读活动的倡议书》，推动各界开展全民阅读活动，不断提高社会对全民阅读的认识和热情。2016 年，国务院总理李克强第三年在"两会"报告中提到"倡导全民阅读，建设书香社会"，同时全民阅读工作还被纳入"十三五"规划，《全民阅读促进条例》征求意见稿也于 2016 年 2 月对外发布。2017 年全国两会"全民阅读"再次被写入政府工作报告，总体思想从过去三年的"倡导"升级为"大力推动"。经过十年探索，全民阅读从最初的部门活动到通过立法形式上升为国家战略，可见其背后有着怎样的重要意义。

认清大数据的本质

在文字出现之前的采集狩猎时代，人类传递信息的主要方式是靠语言，也就是口头交流，很多有用的生活经验和方法只能靠部落里的族人口口相传，知识的传播和传承效率是非常低下的。也就是说，没有文字，就没有人类文明的记载，更没有知识的高效率传承，人类生产力的进步也相当缓慢，从采集狩猎时代过渡到后来的农耕时代，人类大约经历了数十万年。

大约在公元前 3500 年前后，生活在美索不达米亚平原的苏美尔人最先发明和使用文字，使人类的经验、方法可以被固化下来成为知识，人类开始进入有文字记录的文明时代，也就是从这个时候开始人类才有有据可查的文字信息。也就是说，在距今5000多年前，人类的祖先已经开始学会使用文字来记载信息，并且主要用来做商业和行政管理。

进入到信息时代，由于计算机与互联网的出现，数据出现爆炸性增长。IBM的研究称，整个人类文明所获得的全部数据中，有90%是过去两年内产生的。根据统计，现在《纽约时报》一周的信息量比18世纪一个人一生所收到的资讯量要多得多，现在18个月产生的信息比过去5000年的总和还多。正是因为有了丰富的数据，人们可以从数据里面挖掘出大量有价值的信息，从而让管理决策更加科学化和精准化。"大数据"目前已经成为IT行业一个炙手可热的词汇，互联网成为新的基础设施，数据取代劳动和资本成为新的生产要素。鉴于大数据潜在的巨大影响，很多国家或国际组织都将大数据视作战略资源，并将大数据提升为国家战略。美国政府把大数据看成是"未来的新石油"，不少科技巨头更将大数据视为下一个"金矿"，认为人类将从IT时代进入到DT时代或者IOT时代，连接将无处不在，数据也将无处不在。

腾讯公司董事会主席兼CEO马化腾认为，互联网的本质是连接，互联网推动连接人与人、人与信息、人与服务，物联网的出现将推动物与物的连接。实际上，如果从西方经济学角度看，互联网的最终目的是要提升信息的传播效率，打破信息不对称，促进资源的优化配置，也许这才是互联网的本质。连接仅仅是方式和过程，并不是最终目的。无论是即时通信、网络购物、搜索引擎还是O2O、网络约车、社交网络等大部分互联网商业模式，都是先通过互联网建立连接，然后通过解决信息不对称问题而创造商业价值。也就是说，越是信息不对称而造成资源配置效率低下的地方，越需要互联网技术去改造，产生的价值也将更加明显。互联网对传统行业的冲击是高效率对低效率的淘汰过程。随着互联网技术越来越深入影响传统行业，互联网＋也被提升为国家战略，这将对未来中国经济发展和产业转型升级产生重大影响。

管理学之父德鲁克有句名言"预测未来最好的方法，就是去创造未来"，他认为未来是难以预测的，未来就在脚下就在当前。然而，著名数据科学家舍恩伯格则在其著作《大数据时代》中提到，大数据的核心就是预测，在不久的将来，许多现在单纯依靠人类判断力的领域都会被计算机系统所改变甚至取代。大数据将是人们获得新认知、创造新价值的源泉。从数据中寻找规律，提升认知能力，从而指导决策，这才是大数据的本质。大数据不仅仅是一项新兴技术，更是一种思维方式，过去我们很多决策是靠经验、靠"拍脑袋"来完成，未来我们做决策更多需要引用数据，用数据说话才算是迈出了科学决策的第一步。

感受大数据的魅力

随着互联网技术快速与传统产业深度融合，物联网、云计算、大数据及人工智能等新一代信息技术的广泛应用，人们日常生活、工作中越来越多的行为将变得可预测，而且社会中很多的难题也将可通过数据分析的办法来找到更佳的解决方案。

在商业保险方面，保险公司需要通过多种影响因素的分析去为车险定价做参考，不仅会考虑车的因素，还会考虑人的因素。一个人的性别、家庭情况等因素，很可能会直接影响到车险的保费高低。通常来说，未婚的男人比已婚的男人出险率高，没孩子的男人比有孩子的男人出险率高。但是近期又有一个新发现：生了儿子的司机车险出险率要比生女儿的高，甚至要高20%！根据车险比价平台的统计，在对2万多例车险样本分析后发现：有儿子的爸爸，年出险率高达53%，而有女儿的爸爸，车险年出险率仅为34%；对保险公司而言，在以"人"为因子的定价机制下，前者的出险率比后者高两成，因而两者的车险将面临不同的定价。随着大数据技术的广泛应用，保险公司也将有能力收集越来越多的客户样本数据，从而有望为客户提供针对性的精准保险方案，让高风险客户多付费，让低风险客户少付费，提升客户满意度。

在交通管理方面，如何准确、及时预测路况已经成为政府部门目前交通管理工作的重要内容，尤其是早晚高峰，如果官方能及时发布准确的路况预警信息，对缓解道路拥堵有非常重要的意义。浙江省交通厅2016年初进行了一项新的试点：通过阿里云的大数据，来分析预测未来1小时内的路况。在高速公路的试点中，工作人员把高速公路的历史数据、实时数据与路网状况结合，基于阿里云大数据计算能力，预测出未来1小时内的路况。多次的试验结果显示，预测准确率稳定在91%以上。在城市道路的试点中，由于传统铺设线圈采集数据的硬件投资金额巨大，工作人员将手机信号数据和道路通行数据进行关联，通过监测手机信号的动态变化状况来辅助判断城市道路的拥堵情况。正是由于应用了大数据及云计算等信息技术，通过对未来路况进行预测，交通部门可以更好地进行交通引导，司机也可以根据预测，做出最优化的路线选择。粗略估计，如果司机能选择合适的出行方案，可以缩短 5%~10% 的出行时间，减少 2%~10% 的汽油消耗。

在生物医疗方面，人类一直想深入了解自身的生老病死内在规律，科学家正尝试通过基因测序与大数据分析技术，破解人类的遗传密码信息，并帮助其找到精准治疗疾病的方法，甚至是延长寿命的方法。根据媒体报道，已故苹果公司 CEO 乔布斯在患癌症时就尝试使用了全基因组测序技术，在耗费 10 万美元进行了测序后，基于乔布斯的个人基因组，医生给出了相对精准的用药方案。按此方法，乔布斯的寿命延长了数年。还有，好莱坞女影星安吉丽娜·朱莉高调曝光自己通过基因检测，选择了切除乳腺手术，将患乳腺癌风险从 87% 降到了 5%。可见，基因测序技术已经被一些名人接受，未来普及推广的机会也越来越大。

得益于云计算及大数据等信息技术的进步，相比人类基因缓慢的进化速度，有关基因组测序速度和能力的提升在短短的几十年内了发生"天翻地覆"的变化。40 年前，人类若想对埃希氏大肠杆菌进行全基因组测序，需要 1000 年的时间；2016 年，深圳华大基因开发的新一代基因元计算平台 BGIOnline，在 21 小时 47 分 12 秒内完成了 1000 例人类全外显子组数据的分析。2001 年，6 个国家的科学家花了 11 年的时间、30 亿美元共同发表首个人类基因组工作草图，两年后全世界最早的人类全基因组参考序列公布；到了 2006 年，全基因组测序的花费降至 2000 万美元；2007 年，二代测序技术诞生，并将全基因组测序的花费进一步降低至 200 万美元；2008 年，在二代测序技术的推动下，全基因组测序成本降至20万美元；2010年继续快速降至1万美元以下；目前人类全基因组测序成本已经降到1000美元以下。通过云计算及大数据等新一代信息技术的应用，科学家再也不需要耗费漫长时间反复做独立试验，他们可以通过计算机模拟和大数据检索特定的基因变异会引起哪些症状和疾病，大幅提升基因检测的工作效率。全球管理咨询公司麦肯锡的研究报告显示，医疗保健领域如果能够充分有效地利用大数据资源，医疗机构和消费者便可节省高达4500亿美元的费用。

1989年人类基因组计划启动前一年参与科学家合照

在维护公共安全方面，基因检测技术与大数据的应用为侦破犯罪案件提供了极大帮助。2016年8月，借助DNA检测技术，警方成功破获28年前的"白银悬案"，一时轰动全国。侦破此案的核心关键，是通过Y-DNA染色体检验，初步确定了嫌疑人所属的家族，经过指纹比对和DNA进一步比对，最终确定潜逃28年的杀人凶犯。也就是说，利用DNA检测技术，只要一人作案，可同族追溯，只要数据库量足够大，刑事案件将有踪可循。不过目前全国公安机关DNA数据库的覆盖率仍很低，依靠个体间匹配达到比对成功的概率相对低下。可以预见不久的将来，任何人从出生开始就会建立基因图谱，到后续的每一次体检、每一次化验、每一次治疗都会有具体的数据记录。从每一个人，到每一代人，到整个族谱，到整个国家，甚至全球个人基因及疾病数据都联网共享，这些数据的挖掘与使用将对人类疾病治疗及健康保障产生革命性的影响，也对社会治安管理提供极大帮助，犯罪分子在大数据技术之下将无处遁形。

避开大数据的陷阱

在未来的智能化社会中，大数据为社会带来的巨大价值是不言而喻的，可以大幅提高社会的运转效率及人们工作决策的准确性。随着万物皆联网时代的到来，各种传感器、消费电子设备甚至路上跑的汽车等都会源源不断产生大量数据，数据的来源会比目前增长许多倍，这些数据最终都会被分析挖掘和整合，从而产生应用价值，这是大数据时代的必然趋势。

然而，正如原子能技术会带来核污染，基因工程技术会带来道德伦理问题一样，很多新兴技术往往带有负外部性，大数据技术也具有这样的明显特征，需要人们及早正视新技术带来的社会问题，真正做到趋利避害。隐私保护是大数据应用的最大难题。隐私保护立法需要跟上技术的发展趋势，否则技术越发达，人们的生活可能会越痛苦，各种隐私侵权可能会层出不穷。

正如美国作家帕特里克·塔克尔（Patrick Tucker）在其著作《赤裸裸的未来》中提到"我们生活在一个'超级透明'的世界，我们泄露出去的海量信息无处不在。"人们使用各种智能终端及日常工作、生活中都会留下大量数据痕迹，比如注册手机 App 软件、网络购物、网络支付及办理商店会员卡、银行卡、社保卡、医疗卡、行驶证等大量场景都会用到个人手机号码，如果某个环节出现个人信息泄露，则可能带来严重后果，这是大数据时代可能给人们带来的隐私危机。

第七章
人工智能挑战人类智慧

何为人工智能

众所周知，人工智能在 20 世纪 70 年代以来被称为世界三大尖端技术之一（空间技术、能源技术、人工智能），也被认为是 21 世纪三大尖端技术（基因工程、纳米科学、人工智能）之一。既然人类都在不遗余力地追求人工智能，那么怎样才算人工智能？人们这么做的目的又是什么？这是两个很有意思而又十分关键的问题，因为全球最顶尖的科学家为此争论了半个世纪都没有统一的结果。

抛开纷繁复杂的定义讨论，人工智能（Artificial Intelligence）顾名思义是人造的智能，也就是让机器具备人类一样的行为能力及思维意识。那么这样化繁为简的理解正确吗？很幸运，这个意思可以通过众多业内顶尖专家的言论佐证。著名的美国斯坦福大学人工智能研究中心尼尔逊教授说"人工智能是关于怎样表示知识以及怎样获得知识并使用知识的科学"，而另一个美国麻省理工学院的温斯顿教授认为"人工智能就是研究如何使计算机去做过去只有人才能做的智能工作"。

按照智能级别的高低，人工智能可以划分为弱人工智能、强人工智能和超人工智能三个发展阶段。弱人工智能只是垂直智能，可以在某个垂直方向上有智能应用，但是不会有思维意识。比如有些人工智能会下象棋、围棋，有些会语音翻译，有些会回答智力题目。一般认为，目前全球计算机技术发展水平还是处在弱人工智能阶段，并且取得越来越多的突破性成果。

强人工智能是指人类级别的人工智能，在各方面都能和人类比肩，并且是有知觉的，有自我意识的。强人工智能可以划分为两类型：一是类人的人工智能，即机器的思考和推理就像人的思维一样。二是非类人的人工智能，即机器产生了和人完全不一样的知觉和意识，使用和人完全不一样的推理方式。创造强人工智能比创造弱人工智能难得多，我们现在还做不到。

超人工智能是指超越人类智慧并且将人类智慧延展的智能体系，在几乎所有领域都比最聪明的人类大脑聪明很多，包括科学创新、通识和社交技能。超人工智能可以是各方面都比人类强一点，也可以是各方面都比人类强万亿倍，这才是让人类感到威胁的真正原因。

要判断一台机器是否真能够像人类一样"思考"目前来说还有不少难度，而最常用的方法就是让其进行"图灵测试"。计算机科学家阿兰·图灵在1950年发表的论文《机器能思考吗》中，提出了著名的"图灵测试"，并且图灵预言，到2000年将有足够聪明的机器通过该项测试。

机器能思考吗

令人遗憾的是，在过去的60多年中，全球还没有一台机器真正通过了图灵测试，直到2014年6月英国雷丁大学一台超级计算机巧合通过了该项测试，从而成为有史以来首台通过"图灵测试"的机器。而这个时间比图灵本人原先预言的时间足足晚了15年，可见对于一日千里的计算机技术，人工智能的发展并没有像预期的那样取得突飞猛进的效果。

很显然，以目前的科技发展水平，要让机器具备人类一样的行为能力不会太难，但是要让机器具备人类一样的思维意识还是一项巨大挑战，我们还处在一个弱人工智能的时代。既然人工智能包括人类的行为能力及思维意识两个部分，那么我们让机器实现人工智能的路径是不是可以分成行为能力及思维意识两个阶段呢？如果一谈到人工智能就直奔如何让机器学会像人一样思考这样宏大的主题，容易误入歧途，倒不如不要那么好高骛远，短期内还是先谈谈怎么让机器具备人类一样的行为能力吧。实际上,人工智能的目的更多是为了解放人类劳动,让人类生活得更好。比如汽车的出现代替了人类双腿走路,计算机的出现代替了手工抄写材料,洗衣机的出现代替了人工搓洗衣服,将人类从低效率的苦活、累活及脏活等重复劳动中解放出来,未来的人工智能毫无疑问可以比现在做得更好。

人工智能的三起二落

1956 年的夏天,一场在美国达特茅斯学院(Dartmouth College)召开的学术会议,多年以后被认定为全球人工智能研究的起点。这场标志性的会议由明斯基、麦卡锡、香农等十人组成,其中四位是图灵奖得主,一位获诺贝尔奖,还有一位成了信息论创始人。尽管此后学术界及政府官方都对人工智能投入极大热情,但是正如大部分对人类产生重大影响的突破性技术一样,人工智能的发展并非一片坦途。在过去的 60 年间,人工智

2006 年达特茅斯会议当事人重聚

能的发展经历了三起二落，今天恰恰走到了第三次浪潮的爆发前夜。

20世纪50~70年代，人工智能概念提出后，科学家力图模拟人类智慧，相继出现了一批显著的成果，如机器定理证明、跳棋程序、通用问题求解程序、LISP表处理语言等，甚至有人惊呼"在20年内，机器将能完成任何人类能做的工作"。但是很快科学家痛苦地发现过去的理论和模型，只能解决一些非常简单的问题，以"模拟人脑""重建人脑"的方式来定义人工智能走入了一条死胡同，很快人工智能进入了第一次寒冬。

20世纪70~90年代，随着1982年Hopfield神经网络算法的提出，又兴起一波人工智能的热潮，包括专家系统、语音识别、语音翻译计划以及日本提出的第五代计算机等。但是当时可用数据太少，建造和维护并行编程计算机的成本与刚刚兴起的个人PC相比并无竞争优势，人工智能的第二次寒冬随之而来。

也许一开始人们对人工智能就不应该寄予太高期望，以致后来很多目标都一次次落空。比较典型的例子是，20世纪80年代，日本政府投入数亿美元资助第五代计算机计划，试图造出能够与人对话、翻译语言、解释图像并且像人一样推理的大规模并行编程计算机。但是直到该项目完成时，却没有出现任何有商用价值的成果，数亿美元投入打了水漂。

进入20世纪90年代，人工智能领域新的技术成果为数不多，但是神经网络、遗传算法等科技得到了新的关注。2000年之后人工智能发展真正迎来一个拐点是"深度学习"的出现。自2006年由多伦多大学 Geoffrey Hinton 教授和他的两个学生提出后，使得机器学习有了突破性的进展，它在语音识别、自然语言处理、计算机视觉、图像与视频分析、多媒体等诸多领域效果显著，极大地推动了人工智能水平的提升。2013 年，深度学习算法在语音和视觉识别领域取得成功，识别率分别超过 99% 和 95%。鉴于深度学习在学术和工业界的巨大影响力，2013 年《麻省理工技术评论》把它列入年度十大技术突破之一。

经过半个多世纪一大批科学家的努力，人工智能新的春天总算姗姗来迟，目前人工智能领域投资风起云涌，已成为全球科技巨头必争之地。IT 领域的国际巨头近年来在人工智能领域频频发力，在不断收购人工智能创业公司，并争先吸引学术界最优秀的研究人才。2013 年 3 月，谷歌通过重金收购 DNNresearch 的方式将深度学习技术的发明者多伦多大学 Geoffrey Hinton 教授招致麾下；2013 年 12 月，Facebook 成立了人工智能实验室，聘请了卷积神经网络最负盛名的研究者、纽约大学终身教授 Yann LeCun 为负责人；2014 年 5 月，有"谷歌大脑之父"美称的吴恩达加盟百度，担任首席科学家，负责百度研究院的领导工作，尤其是"百度大脑"计划。目前 Google、Facebook、Microsoft、IBM 等国际巨头，以及中国的百度、阿里巴巴、腾讯等互联网巨头争相布局深度学习。

根据量化分析公司 Quid 的数据，自 2009 年至 2015 年，人工智能已经吸引了超过 170 亿美元的投资。仅 2015 年一年，就有 322 家拥有类似人工智能技术的公司获得了近 20 亿美元的投资。根据 Venture Scanner 的统计数据，截至 2016 年 6 月，全球人工智能行业已获得 9.74 亿美元的投资，2016 年的总投资额必定会超过 2015 年的总投资额。

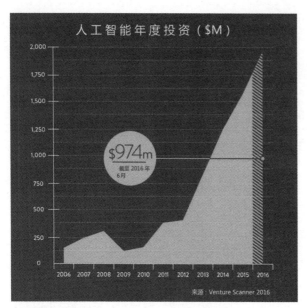

人工智能投资增长

人工智能的两条发展路径

人工智能的研究经过 60 年的探索，目前总体上可以归结为两条路径：一是以模拟人类大脑的方式来构建人工智能系统，这条路径需要依赖人们对大脑运作的深入理解，依赖脑科学、神经科学、生物科学及心理学等多个交叉学科的发展，这也是最传统的研究路径，从人工智能构想诞生起科学家就沿着这条路径开始了一系列的研究工作，但是半个世纪来进展缓慢，真正有突破性的研究成果寥寥；二是以大数据及深度学习算法为基础的人工智能系统，充分利用机器本身最强大的计算能力和数据处理能力优势来进行机器学习，这条路径是科技公司目前主要的人工智能研究方向，比如 IBM、谷歌、微软、Facebook、亚马逊、百度等科技巨头都走上了这条道路。毕竟飞机无需像鸟一样拍打翅膀也能飞行，潜水艇无需像鱼一样摆动尾巴也能在水下航行，机器学习为人工智能指明了新方向，模拟大脑并非是唯一出路。在个人电脑与互联网尚未普及之前，计算机的运算能力及数据资源都非常有限，人们对该研究路径并不是太重视。直到 1997 年 IBM 公司开发的超级计算机"深蓝"打败国际象棋大师卡斯帕罗夫，机器首次赢得了这场意义深远的"人机对抗"，让科学家重新认识到机器学习这条路径的重大潜力。同样的事情在十年后的 2016 年再次上演，谷歌人工智能"AlphaGo"最终战胜了世界围棋冠军李世石。实际上，"深蓝"

人工智能 AlphaGo VS 李世石

及"AlphaGo"都并不是依靠逻辑及对人脑的模仿能力，而是依靠超强的计算能力取胜：思考不过你，但是可算死你！

近十几年来，随着云计算、大数据及深度学习等新一代信息技术的快速发展，人工智能在机器学习这条路径上越走越远，并且不断取得令人兴奋的突破性研究成果。计算机领域有一个著名的"摩尔定律"，其内容为：大约每隔 18 个月，计算机处理器的性能将提升一倍，而价格将下降一半。该定律由英特尔（Intel）创始人戈登·摩尔于 1965 年提出，它奇迹般揭示了信息技术过去半个世纪发展的总体规律，直到今天信息产业依然遵从着这样的发展趋势。正如摩尔定律反映的那样，计算机硬件的性能在过去半个世纪发生了翻天覆地的变化，今天不仅仅智能手机、微型可穿戴设备及物联网电子设备广泛普及，而且成本低廉的大规模并行计算能力也可以通过云计算的方式便捷获取。像英特尔、NVIDIA、ARM这样的传统芯片巨头近年来也针对人工智能研发推出高更性能的专用芯片，比如基于GPU（图形处理器）的云计算平台异军突起，以远超CPU的并行计算能力获得业界瞩目。IBM已经研发出一款可以像大脑一样工作的计算机芯片"TrueNort"，它由4096个细小的计算内核组成，这些计算内核形成了大约一百万个数字脑细胞和2.56亿个神经回路，可媲美人类大脑近千亿个神经元的规模。

仅仅是硬件性能的提升，对于复杂的人工智能系统而言远远是不够的，还有大数据及深度学习算法的支撑才取得突飞猛进的效果。在计算机领域还有一个定律常常与摩尔定律相提并论，那就是"梅特卡夫定律"，其内容是：网络的价值等于网络节点数的平方，网络的价值与联网的用户数的平方成正比。这条定律是用以太网络的发明人、3Com公司的创始人罗伯特·梅特卡夫的名字命名的。举个例子，一部电话没有任何价值，几部电话的价值也非常有限，但是成千上万部电话组成一个通信网络将发挥重大价值，因而过去一百多年全球数十亿人口都主要依靠电话来做远距离沟通。梅特卡夫定律反映的现象在互联网到来之后数据的爆炸增长表现得更突出，尤其是近几年来大数据技术的兴起更是该定律的重要体现，这也是为什么大数据技术会被越来越多巨头深受重视的重要原因。以大数据为素材、深度学习算法为工具，借助云计算的高效处理能力，人工智能技术的研究正进入新一轮发展高潮，并且在语音识别、情感计算、计算机视觉等多个方面都取得了不错的技术突破，大大加速了人工智能技术从目前弱人工智能向强人工智能方向的发展。

人类大脑计划

众所周知，人类大脑是自然界最复杂的系统之一，通常认为人类大脑是一个由近 1000 亿个神经元组成的复杂神经网络。既然科学家半个世纪前就开始对大脑模拟进行研究，那么我们离整脑模拟还有多远呢？至今为止，我们刚刚能够模拟 1 毫米长的扁虫的大脑，这个大脑含有 302 个神经元，与有近 1000 亿个神经元的人类大脑相比明显不是一个级别。不过，既然我们已经能模拟小虫子的大脑了，可能离蚂蚁的大脑也不远了，接着就是老鼠的大脑，然后经过一次飞跃最终实现了人类大脑的模拟。理想是很丰满的，不过现实往往很骨感。2015 年美国伊利诺伊大学的研究团队对全球顶尖的人工智能系统进行测试，发现它们的智商相当于 4 岁儿童的水平，大概是牙牙学语小孩的状态。可想而知，要想让人工智能系统达到一个成年人的智力水平，我们还需要做大量的研究工作，更重要的是对大脑的研究我们聪明的计算机专家往往爱莫能助。

因为要想模拟大脑，总得先摸清楚大脑的运作原理吧？很遗憾，模拟大脑主要是计算机科学，但是了解大脑运作则属于生物科学，已经超出了聪明的计算机科学家的擅长领域，不是说生物科学家没有计算机专家聪明，而是生物科学没有摩尔定律，也没有梅特卡夫定律，很少看到生物科学领域有计算机领域这样实现指数式的技术突破。因此，过去几十年，生物科学的发展是远远跟不上计算机科学的发展速度的，造成了人工智能相当于是一条腿在走路。

尽管目前人们对于人类大脑的运作原理知之甚少，理解人脑也被认为是当代科学面临的重大挑战之一，但是科学家从来没有停止进行相关研究的脚步，并且近年来从学术界到政府官方都加大对大脑研究的投入。2013 年，美国与欧盟均启动了面向未来的脑科学研究计划，随后日本和中国也在跟进推出相关的脑计划研究项目，各国都在努力抢占技术制高点。2013 年欧盟将石墨烯和人脑工程两大科技入选"未来新兴旗舰技术项目"，每项计划将在未来 10 年内分别获得 10 亿欧元的研究经费。欧盟的"人脑计划"希望借助信息与通信技术（ICT），构建系统生成、分析、整合、模拟数据的研究平台，从而推动人脑科学研究加速发展。美国的脑科学计划则致力于探索人类大脑工作机制，绘制脑活动全图，并最终开发出针对大脑疾病的疗法。

2013 年 4 月美国总统奥巴马宣布实施"人脑计划"

中国官方发布的"十三五"规划纲要将"脑科学与类脑研究"列为"科技创新 2030 重大项目"，也被称为中国"脑计划"。中国"脑计划"分两个方向：以探索大脑秘密、攻克大脑疾病为导向的脑科学研究和以建立和发展人工智能技术为导向的类脑研究。但后来中国各领域科学家提出了"一体两翼"的布局建议，即以研究脑认知的神经原理为"主体"，研发脑重大疾病诊治新手段和脑机智能新技术为"两翼"。目标是在未来 15 年内，在脑科学、脑疾病早期诊断与干预、类脑智能器件三个前沿领域取得国际领先的成果。依据我国"脑计划"规划，北京、上海均已发动"脑科学与类脑智能"地区性计划，中科院、中国医学科学院北京协和医学院、首都医科大学附属北京天坛医院等研究机构也陆续开展了"脑计划"项目的相关研究。

人工智能领域有个著名的"蓝色大脑"计划，是由瑞士科学家与 IBM 研究院共同合作的一个模拟人类大脑的人工智能工程，通过利用高性能计算机在分子水平上模拟出一个人造大脑，从而帮助我们理解大脑的结构与功能，并将其应用于生物医学领域。该项目从 2005 年启动至今已经过去十年了，尽管该项目的科学家在 2009 年声称有望在 2020 年左右制造出科学史上第一台会"思考"的机器，可是目前看这个把握并不大。可见，要让机器具备人类的思维意识，学会像人类一样思考，这不是一件简单的事情，尽管已经上路，但是还有很长一段路要走。

人工智能会造成大量失业吗

越来越多的案例可以证明，在简单重复的高强度劳动中，更多地应用机器人会提升效率，可以将人类从低效率的苦活、累活及脏活等重复劳动中解放出来，机器人的广泛应用是人工智能时代到来的重要标志。日本是当今世界上老龄化速度最快的国家之一，该国政府希望企业能够通过机器人来应对劳动力的减少。路透社获得的日本政府针对机器人行业制定的发展草案显示，日本计划掀起一场"机器人革命"，将农业和制造业领域的机器人使用量分别增加到目前的 20 倍和 2 倍。据日本官方数据显示，该国 2012 年的机器人市场总体规模约为 8600 亿日元（约合 83.8 亿美元），预计到 2020 年将达到 2.85 万亿日元。

鉴于机器人在劳动力市场有巨大的应用前景，已经有多家日本科技公司将目光瞄准了机器人领域。日本软银董事长孙正义曾经提出这样的大胆构想"引进 3000 万个 24 小时不间断工作的机器人，与现在制造业的劳动力人口相加可以保障相当于 1 亿人的劳动力，大力发展机器人产业让日本经济竞争力在 2050 年前成为全球第一。"日本软银从 2015 年开始陆续面向个人用户销售人形机器人 Pepper，这种机器人将为用户提供保姆、护理、急救等服务，而且具备学习和情感表达等能力，售价约为 19.8 万日元（约合 1 万元人民币）。为了加快对人工智能产业的深入布局，日本软银集团 2016 年以 320 亿美元收购英国芯片巨头 ARM，后者是全球移动处理器领域最重要的企业。ARM 公司构建的处理器平台支撑着目前全球 95% 以上的智能手机运转，无论是 iPhone、iWatch，还是诺基亚旗下最便宜的机型，其内部几乎都含有 ARM 芯片，而且大部分的物联网智能设备都少不了 ARM 芯片的支持。

孙正义与机器人 Pepper

很多人说，如果每个国家都像日本那样在工业生产中大批量采用智能机器人，那岂不是造成大量工人失业？这样的担忧并非毫无道理。根据世界经济论坛 2016 年的调研数据预测，到 2020 年，在全球 15 个主要的工业化国家中，机器人与人工智能的崛起，将导致 510 万个就业岗位的流失，多以低成本、劳动密集型的岗位为主。美国莱斯大学计算机工程教授摩西·瓦迪表示，人类今后可以什么都不做，一切事情都交给机器人来完成，2045 年的人类失业率将超过 50%。麦肯锡国际咨询公司的专家认为，随着智能机器人的普及，现在咖啡店和餐馆 75% 的工作可由机器人取代，餐饮服务人员将面临新一轮的失业潮。

工业革命以来很多领域技术进步带来的失业往往是良性失业，原有的就业岗位会减少，但是围绕新兴产业新增的就业岗位也会不断涌现，甚至数量更多。

工业时代很多新技术的出现都在削减一些原有岗位的同时也新增了一些岗位，但是这一次可能不一样。人工智能技术的出现，大幅削减劳动密集型的体力劳动岗位，而只增加部分脑力劳动岗位，毕竟机器人及智能技术的研发工作属于知识密集型，而非劳动密集型。最近几年全球都往人工智能、新能源汽车、5G 通信及石墨烯新材料、基因检测等新兴技术领域投入大量资金，但是这些高投资并没有带来大量新增就业岗位，这与传统工业时代很不一样。这种情况下，通过简单的技能培训就很难让新技术导致的失业人口实现转岗就业。

工业化大生产模式出现之后不久，19 世纪工人劳动时间通常每天长达 16 个小时，从 1886 年美国出现的 8 小时工作制被很多国家一直沿用至今，一百多年过去了工人的劳动时间竟然没有太大变化，这有点不可思议。随着科学技术的不断发展，生产率会不断提高，机器人代替人类进行工作的现象会逐渐增加。将来的某一天，人工智能大发展之后，大部分体力劳动工作都可以交给机器人来完成，人类只从事那些机器人并不擅长的脑力劳动工作。这样人类可能只需要每天工作5 小时，一周只需要工作两三天就够了。但是社会经济的总产出不但没有下降反而因为机器人效率的提高而实现增长，人类的生活消费水平并没有下降反而提升。

当机器人为我们劳动而让我们实现丰衣足食，即使少工作又有什么关系呢？人类不会因为缺乏劳动而死亡，而缺少食物则会。毕竟劳动不是我们的最终目的，而只是目前获得生存的一种手段，同时也是社会分配资源的一种方式。技术的进步会带给人们生活的便利、劳动强度的减轻、工作时间的缩短，从而使得闲暇、娱乐、学习的时间增多，最终也改善人们的生活质量及提升工作技能。

假设机器人替代了人类 20% 的工作量，那么工人上班时间可以相应缩短 20%，这样就业岗位数量可以保持不变，但是人们闲暇时间会增加。由于工作时间减少而闲暇时间增多，那么将刺激旅游、教育、娱乐等服务业的发展。因此，随着机器人的大规模应用，未来很多就业岗位不足的国家都可能需要适时调整工作制度，比如将现在的五天工作制改成四天工作制，这是解决机器人大规模普及带来失业问题的一个重要途径。

法国是目前全球最积极推动缩短工时的国家，并且尝到了缩短工时带来的好处。早在 1997 年，法国由于失业率居高不下，调整工作时间的呼声很高。法国政府从 1998 年开始推行每周 35 小时工作制，即每周工作四天半，也俗称为"准四天工作制"。有资料显示，实施新工时制的第一年，法国就因压缩工时创造了 10.5 万个就业机会。不过随着 2008 年金融危机爆发，法国经济继续低迷，迫使不少法国人主动放弃休假，开始努力干活挣钱。除了法国，还有美国、德国、西班牙等国家的政府机构及部分企业也在推动"四天工作制"的落地。

实际上中国也在探索"四天工作制"的落地，国务院 2015 年曾下发《关于进一步促进旅游投资和消费的若干意见》，提出有条件的地方和单位可根据实际情况，依法优化调整夏季作息安排，为职工周五下午与周末结合外出休闲度假创造条件。尽管这个文件还仅仅是一个倡导，并没有强制性，但是已经迈出了可贵的第一步。从全球经济社会发展趋势看，不断缩短每个劳动者的工作时间及降低劳动强度是社会发展的必然趋势，是每个国家经济社会进步的结果。对于技术进步迅速的许多工业化国家，"四天工作制"并非遥不可及，我们每个人都可以有这个期待。

人工智能会毁灭人类吗

即使目前看来要让机器学会像人类一样思考遥不可及，但是随着人工智能技术的快速发展，必然会有越来越多的机器具备人类一样的行为能力，也就是会有越来越多的机器人出现在我们的工作及生活中，机器人的广泛应用是人工智能时代到来的重要标志。那么问题来了，机器人的大量出现会不会威胁到人类安全啊？一不小心造成人类毁灭那可不是一件好玩的事情。

霍金、马斯克和比尔·盖茨等很多名人都曾经发出过担忧人工智能威胁人类生存的言论，特斯拉 CEO 马斯克在参加麻省理工学院航空与航天学院百年研讨会时表示："如果让我猜人类最大生存威胁，我认为可能是人工智能。因此我们需要对人工智能保持万分警惕，研究人工智能如同在召唤恶魔。"实际上，人们对待人工智能的态度是很矛盾的，一边在大力投入资金去推动人工智能技术的研究，另一边又担忧人工智能给人类带来新的威胁，比如《终结者》《黑客帝国》和《我，机器人》等科幻影片都描述了机器人对人类统治的反抗，意图摆脱人类的束缚。

针对人工智能可能失控和反叛的问题，科幻小说家阿西莫夫在《我，机器人》书中提出了"机器人三定律"构想：①机器人不得伤害人类，或袖手旁观坐视人类受到伤害；②机器人应服从人类的一切命令，但不得违反第一定律；③机器人应保护自身的安全，但不得违反第一及第二定律。不过很多人工智能科学家并不认可这个构想，至少目前现实中的机器人并不遵守"机器人三定律"，因此，人们未来依然需要寻找更合适的方法去避免人工智能可能给人类带来的威胁。

《我，机器人》电影剧照

很显然，以目前可以预估到的科技水平看，不是人工智能不会威胁人类，而是远远还没有到需要担忧的程度。也许再过二三十年就可以认真思考和争论一下这个问题了，现在我们要做的就是如何让人工智能帮助人类生活得更好。即使是按照《奇点临近》作者库兹韦尔的乐观预测，随着生物技术、纳米技术和人工智能技术的快速发展，在

2029 年计算机将具备人类智能水平的能力，到 2045 年"奇点"时刻就会出现，也就是超人工智能时代到来。库兹韦尔还指出，如果人的智能能够完全转移到计算机上，那么死亡将变得毫无意义。也就是说，只要机器变得足够智能，人类就有机会实现某种意义上的永生，不过很显然这个时间不会那么快就能到来，我们对大脑的了解还知之甚少呢。

实际上，随着人体器官移植获得越来越多的成功，科学家很早就对记忆移植进行了研究，并且在老鼠、蜜蜂等小动物身上移植记忆已获得成功。1999 年全国高考作文试题"假如记忆可以移植"就引用了这样一个大胆的科学构想并引发了人们热议。记忆是人类心智活动的一种，属于心理学或脑部科学的范畴，记忆代表着一个人对过去活动、感受、经验的印象累积，也就是人类的所见所闻所想。由于人们目前对大脑的了解还太少，要想通过医学手段移植记忆短期还看不到任何希望，但是有科学家正尝试用大数据、人工智能等信息技术手段来模拟记忆的移植。

1945 年美国科学家 Vannevar Bush 曾经提出要制造一种信息机器"Memex"，用来储存一个人一生中所有的信息，包括个人所有的书籍、报告、通信记录等，从而帮助人们记忆。不过，受技术条件限制，在半个世纪前这种设想还属于天方夜谭。2001 年开始，微软公司旧金山实验室的首席计算机科学家 Gordon Bell 开展了一项名为"MyLifeBits"的实验项目，该科学家将生活中的一切文档、物体和电话记录全部数字化，还在脖子上佩戴了一部微软 SenseCam 相机，每 20 秒会拍摄一张图片，这样基本可以将个人每日所见所闻记录下来。

智能化浪潮：
正在爆发的第四次工业革命

随着近几年 GoPro 类相机和 Google Glass、微软 HoloLens 等智能眼镜的兴起，要将个人日常所见所闻完全数字化记录下来变得不太困难，再结合大数据及人工智能技术，也许将来某天人类的大部分记忆都可以数字化存在起来并且可供检索查阅，甚至可以将这些记忆移植到一个仿生机器人身上，也就是说随着技术的进步，人类要实现某种意义上的永生并非没有可能。

第八章
VR/AR 将颠覆智能手机

信息媒介迎来大变革

回顾近100多年来人们传输信息的方式，从电报、电话、广播、电视、电脑到智能手机、平板电脑、可穿戴设备，信息技术的发展让信息传输的效率提升了千百倍，信息媒介也逐渐向高级化、智能化、便携化和多样化演进。

自从电子产品诞生那一天起，人们就非常关注信息载体本身的改善，比如从电视、PC、到智能手机、平板电脑，物理显示屏幕随着技术的发展已经变得越来越薄，越来越轻便智能，而且可以实现人手一部或者多部，苹果的 iPhone 和 iPad 已经将便携移动智能设备做到了极致，要想在此基础上进行大的技术突破显然已经非常困难，因此我们正期待新的革命性产品诞生。

接下来人们技术创新突破的方向已不再仅仅局限于电子产品本身，将会更加关注眼睛与信息载体之间效果的改善。因为信息的载体不一定是常见的物理屏幕，新的信息载体的创新很可能是革命性的，让过去几十年来一直依靠外部屏幕进行展示的信息传播模式产生颠覆性的变化，这种变化可能对 PC 互联网、移动互联网的商业模式产生革命性影响，人们在网站页面上一页页翻看阅览文字、图片和视频信息、购买商品等常见上网行为可能将不复存在。

一种堪称革命性的技术创新最先在 2012 年美国发布的智能硬件 Google Glass 及 Oculus 上看到了苗头。虽然两者在显示技术上还没有完全摆脱对物理屏幕的依赖，但是它们已经很大程度上改善了眼睛与信息载体之间的显示效果。尽管很多年前就有研究机构提出了"头盔显示器"的构想，比如美国 ARPA 信息处理技术办公室及索尼、爱普生等机构，但是毫无疑问 Google Glass 是第一个将移动互联网、云计算、社交网络等现代信息技术融合进一副轻巧眼镜的可穿戴电子设备，并且产生类似苹果 iPhone 一样的示范效应。Google Glass 的出现，在全球掀起一股可穿戴设备热潮，开启了一个智能眼镜的新时代。

Google Glass 智能眼镜问世

而 Oculus 在显示技术上有比 Google Glass 更加独到的地方，它通过电脑和显示头盔配合，可让玩游戏的用户有身临其境的效果，这一技术最终促成了 Oculus 以 20 亿美元天价被收购，从此点燃了虚拟现实技术全球投资热潮。

VR/AR 将成下一代计算平台

全球著名投资银行高盛公司 2016 年年初发布的研究报告认为，VR 和 AR 将成为继电脑和智能手机之后的下一代计算平台，现有电子市场将被重塑。一个重要原因是 VR 可以在多个领域重塑目前的做事方式，而不仅仅是我们熟知的游戏、视频等。

根据高盛在研究报告中对未来十年进行的预测，到 2025 年，VR 和 AR 的软硬件标准预期年销售额将达到 800 亿美元。如果解决了电池和移动的问题，乐观预期年营收可以达到 1820 亿美元。即使 VR/AR 仍受困于延迟、显示、隐私安全这些基础问题，悲观预期年营收也可实现 230 亿美元的水平。相比之下，届时全球平板电脑市场营收将达到 630 亿美元，台式机营收将达到 620 亿美元，游戏机营收将达到 140 亿美元，而笔记本电脑营收将达到 1110 亿美元。

几乎在同一时间，著名投资机构花旗银行也向媒体公开表示看好虚拟现实及增强现实技术的未来发展趋势，认为其作用意义可与互联网的诞生匹敌，将产生取代智能手机的巨大市场，终端设备以及周边产业市场空间高达 6740 亿美元。

根据全球知名 IT 研究公司 Gartner 的报告预计，2018 年底 VR设备销量将达 2500 万台，到 2020 年，全球头戴 VR 设备年销量将达4000 万台左右，市场规模约 400 亿元，加上内容服务和企业级应用，市场容量将超千亿元。

正是具有巨大的发展潜力和诱人的市场前景，包括谷歌、微软、索尼、三星、Facebook、HTC、苹果、亚马逊、阿里巴巴、腾讯等几乎所有科技巨头都在密集布局虚拟现实技术领域，并且招聘了大量研发工程师，仅 Facebook 就有 400 人在虚拟现实部门工作。此外，还有 Meta、the Void、Atheer、Lytro 等大约 230 家美国新兴科技公司正在为这个新兴平台努力创造硬件和内容。有科技产业风向标之称的"2016 亚洲消费电子展 (CES Asia)"于 2016 年 5 月在上海举办，几乎与 2016 年年初美国拉斯维加斯的 CES 展会"一脉相承"，虚拟现实成了本届展会最引人关注的焦点，超过 50 家参展商带来了虚拟现实系统、硬件设备和相关内容，让参展观众大饱眼福。

不仅仅在技术领域，在资本市场上近一年 VR/AR 技术也是炙手可热的投资主题。科技咨询公司 Digi Capital 发布的研究报告显示，在 2015 年，全球 AR 和 VR 科技公司共获得来自风险投资商和其他资本的逾 10 亿美元投资。而在 2016 年头两个月，AR 和VR 技术相关投资总金额就超过了 11 亿美元，超过了 2015 年全年总和。

虚拟现实的革命性在哪里

人们不禁要问，当前如火如荼的虚拟现实技术真正的革命性在哪里？为什么很多科技大佬都认为虚拟现实是一次颠覆性的技术创新？例如，2016 年 2 月 Facebook 创始人扎克伯格接受德国《星期日世界报》的采访时表示："每过 10 年或 15 年就会出现一种新的计算平台，现在虚拟现实就是最有可能成为下一个计算平台的东西。"

虚拟现实（Virtual Reality，简称 VR）顾名思义是通过计算机虚拟出来一个现实世界，在虚拟现实技术的影响下，你眼睛看到的、耳朵听到的、用手触摸到的，一切看起来是那么的真实，实际上它可能并不在现实世界中存在。也就是说，计算机为人类模拟了一个从视觉、听觉、触觉等多方面都很逼真的虚拟世界。VR 有三个核心特征：沉浸感、交互性、想象力。其中沉浸感是虚拟现实系统最基本的特征，即让人脱离真实环境，沉浸到虚拟空间之中，获得与真实世界相同或相似的感知。

虚拟现实在历史上经历了三次发展热潮：第一次源于 20 世纪 60 年代，确立了 VR 技术原理。1960 年，美国电影摄影师 Morton Heilig 提交了一款电子设备的专利申请文件，该专利第一次真正涵盖了虚拟显示技术的雏形；第二次发生在 20 世纪 90 年代，VR 试图商业化但未能成功。1989 年 Jaron Lanier 首次提出 Virtual Reality 的概念，也被称为"虚拟现实之父"；目前正处于第三次热潮前期，以 2014 年 Facebook 20 亿美元收购 Oculus 为标志，全球范围内掀起了 VR 商业化普及化的浪潮。

用户体验 Oculus 操作

对于虚拟现实概念的认知，相信大部分人都很陌生，但是可以用一部知名的美国科幻电影《黑客帝国》来加深理解。该影片前部分着重讲述一名年轻的网络黑客"尼奥"发现看似正常的现实世界实际上是由一个名为"矩阵"的计算机人工智能系统控制的。"矩阵"利用基因工程，批量生产制造人类，然后把他们接上"矩阵"网络，让他们在虚拟世界中生存，以获得源源不断的能源供给"矩阵"系统使用。

从电影《黑客帝国》中我们看到，一个现实当中已经被战争摧毁的黑暗冰冷、充满各种死亡危险的世界，可以让所有被计算机控制的人类感觉到自己是生活在一个和谐、繁忙、很正常的真实世界当中。可见，计算机"矩阵"系统的虚拟现实威力是多么强大，竟然能控制几乎所有人类对真实世界的感知。

没错，虚拟现实技术真正的革命性就在于它改变了人类对真实世界的感知。一直以来，我们眼睛看到的都是真实存在的世界，眼睛看到了什么世界中就会存在什么，就是我们常说的"眼见为实"。而虚拟现实则首次从技术上能够改变人类的视觉，也包括改变人类的听觉与触觉，可以给人类展现一个全新的虚拟世界。

虚拟现实毫无疑问已成为目前智能眼镜的一个重要应用分支，在 2014 年 5 月的谷歌 I/O 开发者大会，谷歌就向与会者赠送了一个谷歌虚拟现实纸盒 Cardboard。任何人都可以根据使用指引，以非常低廉的价格购买部件自己组装智能眼镜，纸板甚至可以使用最常见的比萨盒，这样的体验设备成本仅有 2 美元。用户通过对纸盒进行 DIY，通过将智能手机搭配一副内置镜片，便可享受最简单的虚拟现实体验。

谷歌 Cardboard 纸盒方案

正是因为虚拟现实技术颠覆了人类眼睛的视觉效果，因此它能爆发出很多令人兴奋的应用场景。比如在游戏领域，Oculus 通过电脑主机配合运行，可让玩游戏的用户有身临其境的效果，这一技术最终促成了 Oculus 被 Facebook 以 20 亿美元天价收购。除此之外，虚拟现实技术还将在教育培训、远程医疗、网络购物等多方面打造出前所未有的极佳的用户体验，正如 Facebook 创始人扎克伯格在巨资收购

智能化浪潮：
正在爆发的第四次工业革命

Oculus 时做出的感叹："想象未来的学生和老师都坐在虚拟的教室中，病人和医生能够远程面对面交谈，我们甚至能够在一家虚拟商店中闲逛选择自己喜欢的商品——这些在自己家里就能全部完成。"

增强现实正迅速崛起

如果说虚拟现实技术为人们虚构了一个精彩的新世界，增强现实技术就是让人们现有的世界变得更加精彩。两者的不同点在于，前者搭建的是一个完全虚拟的世界，后者则在真实世界中叠加了一些有用的虚拟信息。

增强现实（Augmented Reality，简称 AR），一种实时地计算摄像头影像的位置及角度并加上相应图像、视频、3D 模型的技术，这种技术的目标是在屏幕上把虚拟世界叠加在现实世界上并进行互动，电影《钢铁侠》中那个可以实时分析场景的钢铁头盔，就是应用了 AR 技术。这项技术由 1992 年被正为波音公司工作的 Tom Caudell 教授提出，但是受到当时的芯片、显示屏等各种电子元器件的性能及成本限制，近二十年来发展一直比较缓慢。随着微型芯片运算能力的提升及各种电子元器件成本的快速下降，近年来 AR 技术正被逐步应用到游戏、影视娱乐、工业设计及医疗、教育等各个领域，前景广泛被看好。

相对于起步更早，技术也更成熟的 VR 技术，AR 技术显然更加复杂一些，从而行业进入门槛也更高，其中微软 Hololens 及谷歌投资的 Magic Leap 就是这个领域的佼佼者。成立于 2011 年的 Magic Leap，在其还没有正式发布任何产品之前，先后于 2014 年 10 月获得由谷歌领投的 5.42 亿美元 B 轮融资，2016 年 2 月获得阿里巴巴领投，谷歌、高通跟投的 7.935 亿美元的 C 轮融资，最新估值高达 45 亿美元。据悉，Magic Leap 的核心技术之一是自主研发了光场芯片，从而可以把数字内容投射在用户的视网膜上。Magic Leap 的理念是希望把人类现在所理解的计算系统彻底改变，未来将把设备做得更轻、更实用，让用户像用手机一样在日常生活中佩戴，能够让现实生活和虚拟世界进行互动。不过遗憾的是，截至目前 Magic Leap 还没有发布任何实体产品，只是在网络上发布了几个演示视频，不过这些视频已经足够震撼，希望这样一款大家热切期待的产品能早日上市。

Magic Leap AR 技术演示视频

作为一项前沿的"黑科技"，AR 技术一直以来并不为大众所熟悉，但是却由一款 AR 手游《Pokemon Go》迅速引爆大众的眼球，自 2016 年 7 月上线不到一个月即火速登顶多个国家苹果 App 畅销榜榜首，全球掀起一场户外捕捉小精灵的热潮。《Pokemon Go》是由

智能化浪潮：
正在爆发的第四次工业革命

老牌游戏厂商任天堂联合Google推出的一款AR手游，核心亮点在于其将AR技术和宠物小精灵的角色设定进行了结合，用户无需佩戴头显设备仅需一台智能手机就可以畅玩AR游戏，大大降低了AR技术的应用门槛，也是人们首次大规模在普通智能手机上体验到AR技术的惊艳视觉效果和互动乐趣。

紧接着在2016年8月里约奥运会开幕式前夕，腾讯在最新升级的手机QQ"扫一扫"功能中也集成了AR技术，以便于QQ用户在里约奥运会期间进行AR火炬传递，进一步将AR技术推广至超过6亿手机QQ用户。巨头公司的高调介入，凭借海量用户的传播能力，有望将AR技术推向一个新的发展阶段。对于AR这种新兴技术的应用潜力，其实腾讯公司早已表现出兴趣。正如马化腾2015年12月在第二届世界互联网大会上所说："我们在思考下一代的信息终端会是什么？看到AR及VR这种技术，我们可能未来戴个眼镜通过视网膜的透视，就可以跟人、服务、设备建立连接，不需要像现在用手机，通过视网膜就可以沟通。"如果未来技术发展趋势真如马化腾预料的那样，那么AR及VR技术必将产生巨大的商业机会。此次手机QQ率先试水AR社交，也意味着腾讯正在尝试用新的方式连接世界。

微软眼镜引发视觉革命

自从谷歌于2012年推出Google Glass智能眼镜项目，全球科技界就掀起了一股可穿戴设备创新潮流，包括后来被Facebook以20亿美元天价收购的 Oculus 以及被三星视为重点项目的 Gear VR 都能找到 Google Glass 的影子。

　　尽管 Google Glass 开创了智能眼镜的新浪潮，但是 Google Glass 因为种种原因并没有像当初预期的那样真正走进大众消费市场，而真正将 AR 智能眼镜推向高潮的是微软于 2015 年 1 月发布的全息智能眼镜 Hololens。Hololens 于 2016 年第一季度接受开发者预定，并于第二季度陆续发货，其售价为 3000 美元。

微软智能眼镜 Hololens

　　很多人以为实时拍照功能是 Google Glass 发布初期备受追捧的主要原因，但实际上 Google Glass 对科技界的最大贡献在于首次将电子屏幕从电视、电脑及手机等笨重的电子设备巧妙转移到小巧的眼镜上。尽管这只是 Google Glass 的一小步，但是却是智能眼镜及可穿戴设备的一大步，更是下一代消费电子产品创新的一个大胆尝试，开启了一个崭新的智能眼镜时代。

而微软 Hololens 较 Google Glass 又向前迈进了一大步，因为 Hololens 不仅仅将屏幕成功转移到眼镜上，而且还实现了虚拟图像与现实图像的混合叠加，更重要的是还实现了虚拟空间三维图像的显示及体感交互。Hololens 实际上已经应用了混合现实技术（简称 MR），它将真实世界和虚拟世界混合在一起，从而产生新的可视化环境，被认为是 VR 和 AR 技术的未来发展形态，成为众多科技巨头垂涎三尺的前沿技术领域。

Hololens 融合了虚拟现实及增强现实技术，让全息影像技术及视觉交互取得了突破性进展，毫不夸张地说这是消费电子数十年来发生的一场视觉革命。正如搜狗CEO王小川所说，"微软眼镜将带领人类进入新纪元"。

物理屏幕真的会消失吗

正如大家日常所见那样，人类现在正进入一个多屏时代，比如手机、电脑、电视、户外广告牌，还有汽车导航、门铃，甚至手表、冰箱及路由器等，几乎所有消费电子产品都配有一块屏幕，我们需要诸多的屏幕来显示信息及实现交互。

可以预见，接下来的几年屏幕将无处不在。然而，自然界的规律是物极必反，如果再往前多看几年，当生活中的屏幕多到一定程度的时候有些屏幕就显得多余浪费，就像一百多年前每家每户都需要安装发电机才能用电一样。未来二三十年，人们可能只需要戴上自己专属的智能眼镜就够了，甚至可能是可以直接植入眼中的电子隐形眼镜，瞬间即可实现无处不在的虚拟屏幕。

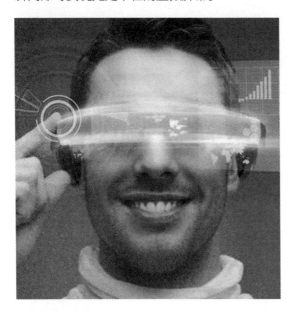

未来智能眼镜无处不在

　　原本生活中无处不在的实体屏幕大部分都可能消失，因为在你需要获取信息的时候智能眼镜就会在你面前展示任何尺寸的虚拟屏幕，小到几英寸大到数百英寸都不成问题，而这些背后由云计算、大数据、人工智能及 5G 高速无线网络等新一代信息技术的支撑实现。正如Google Glass 研发部门 Google X 曾经预言的那样，"科技应该为人服务，在需要时出现，在不需要时消失。"

　　多媒体电子产品的诞生让人类进入了一个丰富多彩的世界，比如从电视、PC，到智能手机、平板电脑，相比以前的报纸、电报、电话等信息载体，它们能够把真实世界中的某些画面、视频片段在各种尺寸的屏幕上展示给我们。但是过去几十年，显示技术的创新往往局限于电子产品本身，还很少关注到眼睛与信息载体之间效果的改善。而虚拟现实、增强现实以及全息影像技术，则更加关注眼睛到信息载体之间的视觉效果，能带给用户全新的视觉体验，因此这些技术相对于过去的图像技术、视频技术都可能是颠覆性的技术创新。

当我们仔细想想，智能手机比诺基亚时代的功能机之所以更出色、更受欢迎，主要是在屏幕及交互上最先取得了突破，然后又带动了内容及应用的繁荣。而今天的智能眼镜，比如微软 Hololens，恰恰又是在屏幕及交互上比智能手机更胜一筹。目前智能眼镜基本可以做智能手机可以胜任的一切工作，尽管体验还不是那么出色，比如看视频、玩游戏、看新闻、听音乐、即时通信等都可以轻松实现，而且它还能做智能手机不能做的很多场景应用，比如虚拟现实游戏、3D 影视、远程教育、赛事直播、三维工业设计等。

俗话说"历史不会简单地重复，但是往往会有惊人的相似"，智能手机最终颠覆了功能手机，而智能眼镜目前也具备了颠覆智能手机的潜力。尽管目前的智能眼镜还存在体积笨重、外观丑陋、制造成本高、内容及应用缺乏等诸多局限，就跟电子计算机刚问世时的局面很相似。不过这又有什么关系呢？第一台电视、第一台 PC 和第一台手机刚推出市场的时候也都是一样的既笨重难看，而且内容也稀缺，但是技术发展速度往往超出人们的想象。随着摩尔定律及新材料技术的快速发展，技术进步并非线性增长而是指数增长，假以时日，经过几次产品更新换代之后，它们将变得既精致又时尚，智能眼镜终将把人类带进一个崭新的视觉时代。

如何突破 VR 内容缺乏的瓶颈

尽管早期 VR 技术无法商业化的重要原因是硬件产业链不成熟，尤其是屏幕刷新率、屏幕分辨率、延迟和设备计算能力成为 VR 技术最大的 4 个瓶颈，但是随着智能手机产业近几年的飞速发展，直接推动了 VR 硬件严重依赖的传感器、显示屏、微型芯片等电子元器件成本的快速下降，从而让性能更高、成本更低的 VR 硬件设备快速走进大众视野，比如 Oculus Rift、三星 Gear VR、HTC Vive 和索尼 PlayStation VR 都是体验不错的 VR 硬件设备，这也再次验证了摩尔定律的魅力。

正如电视、电脑、智能手机等电子产业走过的路程一样，都是先有硬件设备的商业化和大众化，然后才带动了内容产业的繁荣。比如，苹果发布第一代 iPhone 手机之后不久，App Store 的应用就如雨后春笋般涌现。截至 2015 年 7 月，苹果 App Store 应用程序数量达到 150 万个。而根据数据分析公司 Sensor Tower 2016 年的最新预测，到 2020 年年底苹果 App Store 中的应用数量将突破 500 万个。

毫无疑问，目前 VR 技术随着体验更好、价格更低的硬件设备越来越多进入到大众市场，VR 内容产业也正迎来一波小高潮。2016 年被业内人视为"VR 元年"，中国的巨头科技公司正在纷纷布局 VR 产业。2016 年 1 月，小米宣布筹建探索实验室，初期重点将关注虚拟现实；而早在 2015 年 12 月，腾讯也公布了其完整的 VR 计划，Tencent VR 将同时支持 PC 主机、游戏主机及移动设备这三种虚拟现实产品方案，且打算 2016 年推出消费者版 VR 设备；乐视也在同期公布了其 VR 战略，并发布了首款终端硬件产品，即 LeVR COOL1 手机式 VR 头盔。目前已经有大量内容公司投入 VR 内容的开发制作，VR 游戏、VR 电影及各种 VR 视频还有大量垂直领域的 VR 应用案例将快速走进大众视野。

在视频媒体领域，2016 年各大视频平台都开始发布 VR 战略。2016 年 5 月爱奇艺发布"全球最大的中文 VR 真生态 iVR+2016"，将开放自身的平台资源，充分发挥强大的内容及网络优势，为 VR 内容商提供 IP 资源、联合制作、内容展示、宣发、推广等全方位支持，为 VR 硬件厂商提供内容、营销、推广等销售和运营支持，宣称一年发展 1000 万用户。几乎在同一时间，另一视频巨头优酷也发布"开放的 VR 生态"，宣称拥有 50 多家海外战略合作伙伴，并已经与 80% 的国内顶级 VR 内容制作团队签约，预计年产 1000 条优质海外自制合制视频，计划一年内拓展 3000 万 VR 用户。

在电子商务领域，2016 年 3 月阿里巴巴宣布成立 VR 实验室，并首次对外透露了集团的 VR 战略。阿里的 VR 战略主要分为硬件孵化及内容培育两方面。在硬件方面，阿里将依托全球最大电商平台，搭建 VR 商业生态，加速 VR 设备普及，助力硬件厂商发展；在内容方面，阿里已经全面启动"Buy＋"计划，想要引领未来购物体验，并将协同旗下的影业、音乐、视频网站等，推动优质 VR 内容产出。"Buy＋"计划通过 VR 技术可以 100% 还原真实场景，也就是说，即使用户身在广州的家中，戴上 VR 眼镜，进入 VR 版淘宝，可以选择去逛纽约第五大道，也可以选择英国复古集市，让你身临其境地购物，全世界去买买买。阿里 VR 实验室成立后的第一个项目是"造物神计划"，该计划的目标是联合商家建立世界上最大的 3D 商品库，以让用户获得虚拟世界中的购物体验。

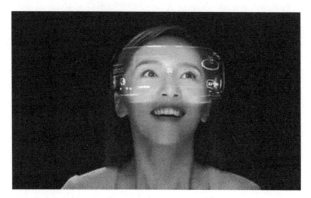

阿里巴巴"Buy +"计划

在传统零售领域，家居零售巨头宜家集团于 2016 年 4 月推出了一款全新的虚拟现实 App "宜家 VR 体验馆"，并且已经支持 HTC Vive 虚拟现实平台。用户可以通过它来探索宜家厨房，必要时还可以身临其境行走其中或利用工具，也可以随意改变厨房橱柜和抽屉颜色，直到满意为止。这是宜家首次涉足虚拟现实应用，并且成为了宜家未来探索虚拟现实领域的敲门砖。"虚拟现实在未来 5~10 年里发展非常迅速，而它将成为我们生活中的一部分。"宜家瑞典总部厨房事业部总监 Jesper Brodin 表示："我们能够看到，虚拟现实技术在未来在我们服务消费者方面会起到至关重要的作用，消费者在购买宜家的家居方案之前，可以通过虚拟现实平台来进行各种各样的体验。"

在专业应用领域，据国外媒体报道，波音的研究与技术部门称，它们的工人正在利用谷歌眼镜完成飞机线束的组装。客机作为一个非常复杂的产品，其内部线束错综复杂，此前工人需要拿着飞机内部图的 PDF 文件才能一步步完成线束的连接和组装。而使用了谷歌眼镜后，谷歌眼镜的屏幕上可以投射出各部分的组装方式，工人们就不用拿着电脑在机舱中到处跑了。据悉，采用谷歌眼镜后，工人组装线束的时间缩短了 25%，错误率更是大降 50%。很多人以为谷歌眼镜迟迟不能推出市场，可能已经被谷歌公司抛弃了，没想到其却在航空领域方面开启了另一片天空。实际上，谷歌总部并没有放弃 Google Glass 项目，而是将其从 Google X 研发小组独立出来并入到 Nest 智能家居设备开发部门中。按照新计划，不久之后大家将会看到 Google Glass 的新版本推出。

可能改变智能手机的三大技术

从 2007 年苹果发布第一代 iPhone 手机为标志，智能手机的浪潮已经过去 10 年，这 10 年来智能手机硬件技术上鲜有颠覆性的变化，从手机芯片到显示屏幕基本都是在原有技术基础上进行版本升级，比如从单核芯片到多核芯片，从 512M 内存到 6G 内存，从 3.5 英寸电阻屏到 6 英寸 4K 高清屏等，手机变得更快、更长、更大，也更加耗电。

10 年过去了，智能手机又站在一个新的十字路口，未来的手机是怎样的？下一代手机将产生怎样的技术颠覆？这是摆在所有手机厂商面前的重大难题。无论是领跑全球的手机巨头苹果、三星，还是国产手机巨头华为、联想、中兴、小米等厂家，目前都在手机技术上面临升级的瓶颈。当 16 核芯片、6G 内存、6 英寸 4K 显示屏、2000 万像素摄像头、5000 毫安·时锂电池都成为智能手机主流标配的时候，试想智能手机下一步该何去何从？技术上该如何升级？

前段时间，腾讯网做了一个关于"未来手机猜想"的网络调查。调查结果显示，改进电池技术延长手机使用时间、增加投影技术让手机使用更自由、增强配件性能让手机替代更多其他产品，这三大选项依次排在"最实用的未来手机技术"投票结果前三名。

由此可见，人们迫切希望未来的手机要比今天的智能手机待机时间更长，功能更加强大而且应用更加广泛，而不是继续停留在目前几乎所有厂商瞄准的更快、更长、更大的技术升级路线上。从目前全球技术发展趋势看，虚拟现实、石墨烯屏幕及石墨烯电池三大技术将有望让目前的智能手机产生颠覆性变化，让用户找到从"骑马"到"驾车"的全新感觉。

新材料技术永远都是科技行业发展突飞猛进的重要推动力，硅晶体的出现就曾让电子科技行业繁荣了数十年。而目前具有与硅晶体同等应用前景的新材料将是石墨烯，它是已知的世上最薄、最坚硬的纳米材料，石墨烯技术的飞速发展将有望缔造下一个电子科技新时代。无论是欧洲、美国，还是亚太地区，目前都将石墨烯技术提升到一个国家未来技术创新竞争的战略高度。

众所周知，随着智能手机芯片更快、屏幕更大、功能更多，手机耗电量也在飞速增长，而受于体积及重量、外观设计的限制，手机电池容量增加变得更加困难，因此手机电池技术的瓶颈越来越明显，成为智能手机技术更新换代的一大束缚。作为最薄、最坚硬、导电性最好且拥有强大灵活性的纳米材料，基于石墨烯材料的新能源电池功率密度比普通锂电池高 100 倍，能量储存密度比传统超级电容高 30 倍，是目前高性能电池升级的一个重要方向。

尽管市场曾经传闻苹果 iPhone7 将采用蓝宝石屏幕替代之前的康宁大猩猩玻璃，但是最终未能如愿，况且人造蓝宝石存在透光性差、易碎并且功耗大等弱点，还不是智能手机屏幕最佳的选择。而石墨烯作为世界上最薄、机械强度最高的纳米材料，具有高透光性和高导电性，如果将其用于手机屏幕，将使未来的手机更薄，视觉效果更好，甚至可具备透明屏幕的酷炫效果。

未来概念手机

而从 Google Glass、Oculus 还有三星 Gear VR 等产品可以看出，未来智能手机也逐步兼容 VR 及 AR 功能，尤其是移动直播的兴起更是反映了大众对视频交互的需求。毕竟目前智能手机二维平面交互难以真实还原生活、工作、教育各种重要场景，而信息传播效率更高、效果更丰富的 VR 及 AR 技术可以最真实还原每个场景，具有更好的交互性，将是信息技术的一个重要技术升级方向，也将是未来智能手机的重要竞争对手。

当然，市场需求反馈的仅仅是用户的想法，未必能给技术创新指明方向，颠覆性的技术往往需要敢于打破常规。正如亨利·福特当年如果去做市场调查，人们也只会告诉他大家都希望得到一匹跑得更快的马。事实上，亨利·福特最终提供给大家的是一辆汽车，从而开创了一个汽车普及的时代。

第九章
工业 4.0 引领制造业革命

德国工业 4.0

    "工业 4.0"一词最早出现在 2011 年德国举行的汉诺威工业博览会上，在 2013 年汉诺威工业博览会上，"工业 4.0"概念正式由德国"工业 4.0 小组"提出，旨在通过智能化提高德国工业的竞争力，以便在新一轮工业革命中占领先机。之所以被称为工业 4.0，主要相对于前三次工业革命而言：工业 1.0 指的是 18 世纪开始的第一次工业革命，实现了机械化；工业 2.0 指始于 20 世纪初的第二次工业革命，实现了电气技术实现生产自动化；工业 3.0 则为现代人所熟悉，指的是 20 世纪 70 年代后，依靠电子与信息技术实现信息化；而当前的工业 4.0 则是利用新一代信息通信技术实现生产的智能化。

德国是最早提出工业 4.0 概念的国家，在德国政府推出的《高技术战略 2020》中，"工业 4.0"被列为十大未来项目之一。"工业 4.0"概念诞生于德国并非偶然，德国是全球制造业最具竞争力的国家之一，拥有强大的机械和装备制造业并占据全球信息技术的显著地位。过去五年间，工业 4.0 热潮从德国涌向全球，越来越多的国家和地区正在制定本国的全新工业发展计划，以迎接新一轮科技革命带来的机遇与挑战，英国提出了"英国制造 2050"的概念，在美国叫"工业互联网"，在中国对应的是"中国制造 2025"，日本则是"机器人新战略"。

尽管各国工业 4.0 的版本叫法不同，但本质是一致的。工业 4.0 具体指通过互联网与物联网技术的结合打造信息物理系统（CPS），将制造业向智能化转型，实现集中式控制向分散式增强型控制的基本模式转变，最终建立一个高度灵活的柔性化和数字化的产品与服务生产模式。工业 4.0 突出四大主题：智能工厂、智能生产、智能物流及智能服务。

德国汽车智能制造工厂

智能化浪潮：
正在爆发的第四次工业革命

德国工业 4.0 计划由政府推动，行业协会和企业积极参与，形成一股庞大的力量，对德国工业界产生重大影响。2013 年 4 月，德国机械及制造商协会（VDMA）、德国电气电子（ZWEI）和信息技术协会（BITKOM）设立"工业 4.0 平台"。该平台由行业协会（机械及制造商协会、电气电子行业协会、信息技术协会、联邦工业协会、汽车协会、能源与水利协会）、工会（金属产业工会）、科技界（弗劳恩霍夫研究所）和指导委员会代表组成。西门子、大众、戴姆勒、菲尼克斯电气、倍福和库卡等多家名企业构成企业核心，三大协会保证企业的需求，加入 VDMA 的有 3000 多家企业，加入 ZWEI 的有 1600 多家，覆盖德国将近 5000 多家企业。

西门子旗下的安贝格电子制造工厂是欧洲乃至全球最先进的数字化工厂，被誉为德国"工业 4.0"模范工厂。安贝格工厂只有三座外观简朴的厂房，主要生产可编程逻辑控制器和其他工业自动化产品。在生产过程中，无论元件、半成品还是待交付产品，均有各自编码，在电路板安装上生产线后，可全程自动确定每道工序；生产的每个流程、数据都记录在案可供追溯；每一条流水线上，可通过预先设置控制程序，自动装配不同元件，流水生产出各具特性的产品，基本实现定制化生产。由于产品与机器间保持数据通信，生产过程为实现信息控制进行了优化，生产效率大大提高。只有不到 1/4 的工作量需要人工参与，主要是数据检测和记录；工厂每秒钟可生产一个产品，每年生产元件 30 亿个，并且可做到 24 小时内为客户供货。由于实时监测并分析质量数据，次品率大幅降低，产品质量合格率高达99.9988%。

美国工业互联网

作为世界领先的制造业大国，美国早在 20 世纪初第二次工业革命期间就实现了工业化，制造业在国民经济中的比重在 20 世纪 50 年代初达到峰值 28%。然而随着第三次工业革命到来，尤其是 20 世纪末信息化浪潮兴起、劳动力成本飙升等因素促成了经济全球化及国际分工。在"去工业化"浪潮冲击下，美国制造业外迁与金融服务业突飞猛进成为形成鲜明对比，并于 2007 年前后达到顶峰。2007 年美国次贷危机引发的全球性金融危机为美国经济脱实向虚敲响了警钟，在此背景之下，随后不久美国政府提出了再工业化战略，优化本国投资环境，吸引本国制造业回归。2012 年 2 月，美国政府正式发布《先进制造业国家战略计划》，将促进先进高端制造业发展提高到了国家战略层面。

新一轮产业革命将重塑全球经济格局，对各国而言均是机遇与挑战并存。美国政府的"再工业化"核心并非通过国家干预，推动传统制造业向金融服务业简单复辟，而是要抢占下一轮新经济的制高点，促进制造业和服务业协同发展，从而在未来全球新技术、新产业竞争中占据有利地位。在美国高科技产业的发展历程中，政府通常扮演着宏观方向把握与政策引导的角色，同时创造公平开放的环境，鼓励私人企业进行自由竞争，以保证产业发展的高效性。

为了抓住新的产业发展机遇，美国通用电气集团（GE）在奥巴马 2012 年宣布正式实施"再工业化"战略 8 个月后提出了自己的"工业互联网"概念，与美国政府的战略举措相呼应。通用电气的"工业互联网计划"旨在建立机器以及设备间的互联互通，结合软件和大数据分析，实现人、机器和数据的无缝协作，重构全球工业，激发生产力。在全球范围内，通用电气正通过三个方面来逐步实现工业互联网战略：首先是通用电气强化自身软件创新能力，通过创建全球软件中心、整合数据科学家团队等措施保证核心竞争力；其次，在工业领域打造生态链，通用电气和AT&T、软银、沃达丰、中国电信等全球主流电信厂商协同作战，与AT&T、思科、IBM和英特尔共同宣布成立工业互联网联盟（IIC），联合各合作伙伴共同打造其物联网开放平台Predix；再次，通过并购手段，将全球工业领域和互联网领域的领先企业收入囊中。

通用电气的"工业互联网计划"

通用电气认为，工业互联网的价值体现在三个方面：第一，提高能源的使用效率，包括油、气、电等，从而减少能源的浪费；第二，提高工业系统与设备的维修和修护效率，降低宕机的时间，减少故障，并缩短维护时间；第三，优化并简化运营，提高运营效率，相当于解放更多宝贵的人力资源。比如通用电气联合IT服务商埃森哲针对航空公司打造了一套可以实现信息收集、传输及分析处理的工业互联网系统：当一架飞机落地以后，可以很快地把飞机数据用无线的方式传递出去，然后量身打造一套专门针对这架飞机维修的方案。根据通用电气 2012 年的预测，如果工业互联网能够使生产率每年提高 1%~1.5%，那么未来 20 年，它将使美国人的平均收入比当前提高 25%~40%；如果世界其他地区能确保实现美国生产率增长的一半，那么在此期间工业互联网会为全球 GDP 增加 10 万亿~15 万亿美元，相当于再造一个今天的美国（2015 年美国 GDP 为 18 万亿美元）。

与德国工业 4.0 强调的"硬"制造不同，软件和互联网经济发达的美国更侧重于在"软"服务方面推动新一轮工业革命，希望用互联网技术推动传统工业转型升级，保持制造业的长期竞争力。因此，美国版的工业 4.0 实际上就是"工业互联网"革命。

中国制造 2025

制造业是中国国民经济的主体，是立国之本、兴国之器、强国之基。打造具有国际竞争力的制造业，是中国提升综合国力、保障国家安全、建设世界强国的必由之路。新一轮科技革命和产业变革与我国加快转变经济发展方式形成历史性交汇，国际产业分工格局正在重塑。为了抓住这一重大历史机遇，2015 年 3 月国务院总理李克强在全国两会上作《政府工作报告》时首次提出"中国制造 2025"的宏大计划，2015 年 5 月国务院正式印发《中国制造 2025》，部署全面推进实施制造强国战略，中国政府实施制造强国战略第一个十年的行动纲领，是我国从制造大国转向制造强国的顶层设计，也被视为中国版的"工业 4.0"。

中国版"工业 4.0"——"中国制造 2025"

《中国制造 2025》提出了十大领域、九项任务、五大工程，具体是重点提及了大力推动十大重点领域突破发展，包括新一代信息技术产业、高档数控机床和机器人、航空航天装备、海洋工程装备及高技术船舶、先进轨道交通装备、节能与新能源汽车、电力装备、农机装备、新材料、生物医药及高性能医疗器械。明确了九项战略任务和重点：一是提高国家制造业创新能力；二是推进信息化与工业化深度融合；三是强化工业基础能力；四是加强质量品牌建设；五是全面推行绿色制造；六是大力推动重点领域突破发展，聚焦十大重点领域；七是深入推进制造业结构调整；八是积极发展服务型制造和生产性服务业；九是提高制造业国际化发展水平。通过政府引导、整合资源，实施国家制造业创新中心建设、智能制造、工业强基、绿色制造、高端装备创新等五项重大工程，实现长期制约制造业发展的关键共性技术突破，提升我国制造业的整体竞争力。

《中国制造 2025》是通过"三步走"实现制造强国的战略目标：第一步，到 2025 年迈入制造强国行列；第二步，到 2035 年中国制造业整体达到世界制造强国阵营中等水平；第三步，到新中国成立一百年时，综合实力进入世界制造强国前列。《中国制造 2025》是在新的国际国内环境下，中国政府立足于国际产业变革大势，做出的全面提升中国制造业发展质量和水平的重大战略部署。其根本目标在于改变中国制造业"大而不强"的局面，通过 10 年的努力，使中国迈入制造强国行列。

作为全球高端制造业领头羊，也是全球最先提出"工业 4.0"概念的国家，德国工业 4.0 的经验毫无疑问值得中国企业学习借鉴，因而，2014 年 10 月中德两国政府经过多轮磋商后发表《中德合作行动纲要》，宣布中德两国将开展"工业 4.0"合作，该领域合作有望成为中德未来产业合作的新方向。在《中国制造 2025》行动计划提出后仅半年，2015 年 12 月国务院批复了《中德（沈阳）高端装备制造产业园建设方案》，中德产业园是中国政府批复的第一个以中德高端装备制造产业合作为主题的战略平台，成为中国制造 2025 与德国工业 4.0 战略对接合作的重要载体。作为国家战略，中德高端装备制造产业园将担负起承接中德两国制造业深度合作、实现信息化和工业化深度融合、走新型工业化道路示范区的使命，并成为世界级装备制造业集聚区。

日本机器人新战略

日本是当今世界上老龄化速度最快的国家之一，当前日本 1.27 亿人口中，每 4 个人就有 1 个是 65 岁以上老人，每 8 个人就有 1 个是

75 岁以上老人。日本政府希望企业能够通过机器人来应对劳动力的减少，大力发展机器人产业顺理成章成为日本工业 4.0 的核心内容。2014 年安倍晋三政府草拟的《日本工业复兴计划》承诺建立"机器人革命"的论坛，日本计划掀起一场"机器人革命"，将农业和制造业领域的机器人使用量分别增加到目前的 20 倍和 2 倍。

20 世纪 80 年代以来，日本机器人在制造业工厂中得到大规模应用，尤其是在汽车与电子制造产业等主要需求领域中，工业机器人的使用带动了生产效率的大幅提升。可以说，机器人应用为日本进入世界制造业第二梯队创造了巨大贡献，在全球高端制造领域光芒四射。目前，日本仍然保持工业机器人产量、安装数量世界第一的地位。2012 年，日本机器人产值约为 3400 亿日元，占据全球市场份额的 50%，安装数量 (存量) 约 30 万台，占全球市场份额的 23%。日本生产的机器人的主要零部件，包括机器人精密减速机、伺服电机、重力传感器等，占据 90% 以上的全球市场份额。目前，日本在机器人生产、应用、主要零部件供给、研究等各方面依然在全世界处于遥遥领先的优势，依然保持"机器人大国"地位。

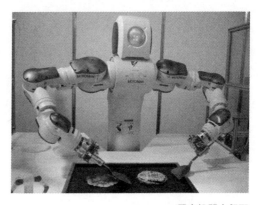

日本机器人餐厅

近年来，日本政府意识到，随着美国工业互联网、德国工业 4.0 计划的快速推进，如果不积极推出机器人技术战略规划，这些工业强国将会威胁日本作为机器人大国的地位。2015 年 1 月日本政府公布了《机器人新战略》，提出了三大核心目标，即"世界机器人创新基地""世界第一的机器人应用国家""迈向世界领先的机器人新时代"。为实现上述三大核心目标，该战略制定了 5 年计划，旨在确保日本机器人领域的世界领先地位。2015 年三月日本机器人革命促进会正式成立，标志着日本"机器人新战略"迈出了第一步。日本通过机器人行业组织形式协调各相关机构明确各自职责，共享进展情况，共同推进机器人新战略。小组成员中，除了三菱电机、日立制作所等工业控制设备商外，还包括富士通、AEC 等 IT 公司，甚至还包括了川崎重工、日立造船、丰田汽车等各类工业企业，以及相关贸易集团和智库等 77 家代表企业。

3D 打印创新制造方式

科技的发展日新月异，新兴技术的出现和交叉融合正逐渐改变人类传统的生产方式与生活方式。3D 打印技术以增材制造的方式代替传统减材制造的方式迅速发展成为制造技术领域新的战略方向。3D 打印技术作为具有前沿性、先导性的新兴智能制造技术，正在使传统生产方式和生产工艺发生深刻变革，甚至被认为是新一轮工业革命的驱动力，引起了世界各国的广泛关注。

3D 打印是以数字模型文件为基础，运用粉末状金属或塑料等特殊材料，通过逐层打印的方式来构造物体的技术。3D 打印通常是采用数字技术材料打印机来实现的。传统的机械加工技术通常采用切削或钻孔技术实现，称为"减材制造"；而 3D 打印通过堆叠材料来直接形成最终产品，大幅减少了材料浪费，也称为"增材制造"。3D 打印最大的优点是无需机械加工或任何模具，就能直接从计算机图形数据中生成任何形状的零件，从而极大地缩短产品的研制周期，提高生产率和降低生产成本，甚至还能够打印出一些传统生产技术无法制造出的产品。3D 打印技术在结构复杂的产品或者配件制造上发挥巨大作用，目前在珠宝、鞋类、工业设计、建筑、工程和施工（AEC）、汽车、航空航天、牙科和医疗产业、教育、地理信息系统、土木工程、枪支以及其他领域逐步得到应用，通过 3D 打印技术辅助能明显提升产品的生产效率。

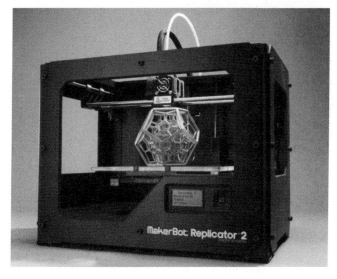

3D 打印机打印塑料模型

3D 打印对材料要求比较高，不同的材料需要采用不同的成型技术，从而制造出性能不同的产品。目前应用比较普及的 3D 打印技术包括：①激光选区熔化成型技术，主要应用于不锈钢、模具钢、高温合金、钛合金以及铝合金等复杂金属构件的打印；②激光熔融沉积技术，主要用于大型复杂金属构件的打印；③选择性激光烧结技术，主要应用于尼龙等非金属复杂构件的打印；④电子束熔化成型技术，主要用于钛合金材料的打印；⑤熔融沉积式 3D 打印技术，主要用于热塑性材料以及可食用材料的 3D 打印。

近几年全球 3D 打印技术发展迅速，市场研究机构 IDC 发布的调查数据显示，2015 年全球 3D 打印支出接近 110 亿美元，预计到 2019 年将增至近 270 亿美元，复合年化增速达到 27%。2015 年中国 3D 打印市场规模达到 78 亿元，年复合增长率近 70%。预计到 2018 年，中国 3D 打印市场规模将超过 200 亿元，2019 年中国将成为 3D 打印硬件和服务的领先市场。目前很多国家高度重视其应用价值，并且给予大量政策支持推动相关产业的发展。2006 年，美国国防部"下一代制造技术计划（NGMTI）"重点支持 3D 打印技术研究与应用；2009 年，美国制定了 3D 打印发展路线图；2012 年，美国由国防部牵头组建"国家增材制造创新研究院"（NAMII），致力于 3D 打印技术的研究、技术转移、人才培养和主流制造的推广应用。顺应全球 3D 打印技术的发展潮流；2015 年中国政府也制定了《国家增材制造产业发展推进计划》，为我国 3D 打印产业明确了发展目标，构建了宏伟蓝图，为 3D 打印全面发展与深化应用提供了良好平台。

受到打印材料成本昂贵、打印效率低下及技术不够成熟等多种因素影响，3D 打印技术实际上并没有人们开始预想的那样对工业制造产生巨大影响，但是在工业设计、汽车制造、航空航天、国防军工等部分领域依然发挥出明显价值。2015 年全球 3D 打印在汽车行业规模达到 4.8 亿美元，机构预计，到 2020 年市场规模有望达到 15 亿美元。2016 年 8 月波音公司和美国橡树岭国家实验室采用 3D 打印技术打印出了一个约 5.3 米长、1.7 米宽、0.46 米高的物件，这个物件在长度上已经超过了一辆大型 SUV，并在大小上打破了 3D 打印物件的吉尼斯世界纪录。波音公司目前使用的机翼材料都来自使用传统技术的第三方供应商，并且需要 30 天时间生产，如果采用 3D 打印技术可以让生产时间缩短到 30 个小时，这将会明显节省机翼生产的能源、时间、劳动力以及成本。波音公司未来将会在更多关键领域中应用 3D 打印技术，计划下一代波音 777X 客机的机翼将采用 3D 打印技术来完成。实际上，波音并不是第一家在飞机生产中应用 3D 打印技术的公司，将于 2017 年首飞的中国 C919 中型客机的中央翼条就是利用激光成型 3D 打印技术制造的。C919 客机在生产过程中以合金粉末为原料，使用金属激光成型技术 3D 打印了其中央翼条。虽然中央翼条大小上比不过波音 777X 客机的机翼，但它也是整架飞机最重要的承重部位，因此需要非常稳固的材料和成熟的 3D 打印技术。

C2B 变革传统生产模式

自福特汽车的流水线生产模式推出以来，世界上大部分的工业产品都来自于工厂的流水线。因为大规模生产可以做到标准化制造，工人实现流水线作业，同一流水线下来的产品都是完全一样的，总体上能够实现低成本和高效率的加工制造，这是工业经济时代最常见的生产模式。但是，即将到来的智能经济时代，工厂将实现智能化生产，机器逐步取代工人，柔性化的生产模式可以批量生产定制的产品，最后产品被物流系统送到定制的顾客手上。这就是工业 4.0 推动下的 C2B 模式对传统 B2C 模式的变革，市场不再是企业生产什么消费者就购买什么，而是消费者需要什么企业才生产什么，企业更加关心消费者的真实需求，而不是产品本身。阿里巴巴创始人马云在 2015 年德国汉诺威 IT 博览会开幕式上的主题演讲提出："未来的世界，我们将不再由石油驱动，而是由数据驱动；生意将是 C2B 而不是 B2C，用户改变企业，而不是企业向用户出售——因为我们将有大量的数据；制造商必须个性化，否则他们将非常困难。"

也许很多人将 C2B 理解为反向定制或者叫团购，指通过聚合分散分布但数量庞大的用户形成一个强大的采购集团向商家集中采购的行为，但这显然低估了 C2B 带来的商业变革力量。正确的理解应该是由消费者（Customer）发起需求，企业（Business）进行快速响应的商业模式，即客户需要什么，企业就生产什么，以销定产，按需定制，明确的需求产生于供给之前。C2B 的核心是消费者角色的变化，由传统工业时代的被动响应者变为智能化时代真正的决策者，这才是真正意义上的"顾客就是上帝"。马云在 2016 杭州云栖大会上演讲表示"未来的十年二十年，将不再有电子商务这一说法，线上线下和物流必须结合在一起，才能诞生真正的'新零售'"。

阿里巴巴 21.5 亿元入股三江购物

　　实际上 C2B 的生产模式由来已久，最著名的当属 Dell 电脑，作为最早的 C2B 模式践行者，Dell 电脑抛开了传统销售模式的中间商和零售商环节，主要通过互联网直销模式为客户定制生产电脑产品，理论上每个客户购买同一款型号 Dell 电脑都可能产生独特的配置结果，这种组合可以多达上百种。Dell 电脑的直销模式诞生于工业化时代，通过去中介化节省了大量渠道销售成本，通过互联网快速获取大量客户，成为全球闻名的 PC 巨头。在传统工业经济时代，消费者与消费者之间，消费者与企业、产业链上下游之间的信息交流是闭塞的、高度不对称的，随着互联网技术向零售端及生产端不断渗透，从生产到零售每一个环节信息不对称状态被打破，数据实现互联互通，以销定产的 C2B 模式得以建立。马云也说过，"C2B 一定会成为产业升级的未来，以消费者为导向，柔性化生产，定制化生产将会取而代之，网货将制造业的利润提高，将渠道打掉，网货会让所有的消费者得到个性化的产品"。

随着当前制造业工业 4.0 模式的加速推进，智能制造将会越来越流行，以销定产的 C2B 模式将有效解决全球制造业目前普遍面临的产销脱节、产能过剩等难题。中国人均 GDP 已突破 8000 美元，正在跨越发展中国家的"中等收入陷阱"，经济发展方式急需转变，产业结构与消费结构正面临转型升级。传统经济 B2A2C(Business to Agent to Customer) 的产供销模式，链条长、效率低、成本高，导致产销脱节、产能过剩，而传统电商 B2C 模式也在逐步向 C2B 按需定制的新零售模式升级。如果企业的生产模式能够实现智能化，则企业将可以全程掌控从产品设计、原料采购、仓储物流、生产加工、终端零售到售后服务六大环节的整条微笑曲线价值链，生产过程全程高度信息化及智能化，最终走向以销定产的 C2B 模式，企业将与消费者建立起长期反馈，而不再是一锤子买卖关系。小米手机的生产及销售模式就是典型的 C2B 模式，并且在中国取得了非常大的成功。小米手机模式与外资企业本土化设计而后全球化制造、全球化营销的模式很类似，小米公司紧握微笑曲线附加值最高的两端，比如产品设计及市场营销，而中间附加值较低的部分如加工制造、仓储物流则外包给第三方企业，打破了三十多年来中国企业普遍采用的"两头在外"的传统加工制造发展模式，更为当前中国传统制造业转型升级指引了一条出路，树立了一个榜样。

第十章
互联网＋变革传统经济

互联网＋上升为国家战略

近二十多年来，互联网技术的飞速发展为中国经济带来了新商业模式和商业业态，激发着社会和市场的潜力、活力。2014 年 11 月，李克强总理出席首届世界互联网大会时指出，互联网是"大众创业、万众创新"的新工具。2015 年 3 月，马化腾在全国两会上提交了《关于以"互联网＋"为驱动，推进我国经济社会创新发展的建议》的议案，呼吁我国经济发展需要持续以"互联网＋"为驱动，鼓励产业创新、促进跨界融合、惠及社会民生，推动经济和社会的创新发展。在 2015 年全国两会上，李克强总理在政府工作报告中首次提出要制定"互联网＋"行动计划，推动移动互联网、云计算、大数据、物联网等与现代制造业结合，促进电子商务、工业互联网和互联网金融健康发展，引导互联网企业拓展国际市场。其中，"大众创业、万众创新"也成为 2015 年全国两会政府工作报告中的重要主题，被称作中国经济提质增效升级的"新引擎"。2015 年 7 月国务院正式印发《关于积极推进"互联网 +"行动的指导意见》，正式将"互联网 +"上升至国家战略，大力推动互联网由消费领域向生产领域拓展，加速提升产业发展水平，增强各行业创新能力，构筑经济社会发展新优势和新动能的重要举措。通俗来说，"互联网 +"就是利用信息通信技术以及互联网平台，让互联网与传统行业进行深度融合，创造新的发展生态。

"互联网 +"行动计划的提出，是站在新一轮科技革命与产业变革的孕育期，颠覆性技术不断涌现的时代背景之下，互联网技术对传统产业转型升级起到关键作用。中国互联网络信息中心（CNNIC）第 39 次调查报告数据显示，截至 2016 年 12 月，中国网民规模达 7.31 亿，其中手机网民规模达 6.95 亿，中国互联网普及率达到 53.2%，超过全球平均水平 3.1 个百分点，超过亚洲平均水平 7.6 个百分点，中国网民规模已经相当于欧洲人口总量。中国的移动网民规模和渗透率都居全球首位，手机已经超过电脑成为第一大互联网接入设备。2015 年全球智能手机销量达 14 亿部，其中中国智能手机出货量超 4 亿台，华为、联想和小米三个中国手机品牌挤进全球智能手机销售量前五名，排名仅次于三星、苹果两大世界手机巨头。智能手机的广泛普及与 4G 移动网络的快速发展，让中国成为全球最大的互联网市场，诞生了阿里巴巴、腾讯、百度、京东四家市值排名进入全球前十的互联网巨头企业，中国互联网的人口红利正逐步释放。

智能化浪潮：
正在爆发的第四次工业革命

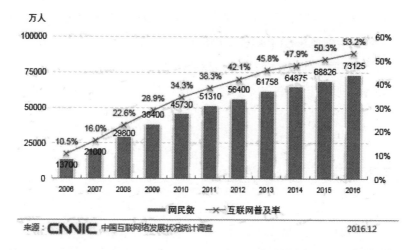

来源：CNNIC 中国互联网络发展状况统计调查　　　　　2016.12

中国网民规模和互联网普及率

　　中国发达的互联网市场催生了活跃的信息、通信和技术产业，繁荣的社交网络以及全球最大的网络零售市场。互联网越来越多地融入到线下商业生态系统，未来可预见将有更加深远的变化。过去30年来，中国依靠低成本的土地、劳动力投入及巨额资本扩张的增长方式从长期来看是不可持续的，传统产业面临结构调整与转型升级。而互联网可以推动技术进步、效率提升和组织变革，提升实体经济创新力和生产力，形成更为广泛的以互联网为基础设施和创新要素的经济社会发展新形态，并且能够在生产力、创新和消费等各方面为GDP增长提供新的动力。

　　为了衡量各个国家互联网经济的规模，麦肯锡全球研究院推出了iGDP指标。2010年，中国的互联网经济只占GDP的3.3%，落后于大多数发达国家。而到了2013年，中国的iGDP指数升至4.4%，已经达到全球领先国家的水平。麦肯锡预测，2013 年至 2025 年，互联网将帮助中国提升 GDP 增长率 0.3~1.0 个百分点，这段时期互联网将有可能在中国 GDP 增长总量中贡献 7%~22%，至 2025 年中国的互联网经济将创造相当于每年 4 万亿 ~14 万亿元人民币的年 GDP 总量。

移动互联网正处浪潮之巅

中国的信息产业经过二三十年的飞速发展，各种互联网基础设施已日趋完善，中国拥有世界上最大的互联网、宽带及无线网络，同时拥有超过 7 亿的互联网用户和 10 亿的手机用户，这为中国互联网企业领跑世界提供了巨大市场空间，更为每一位互联网领域创业者提供了施展抱负的舞台。

随着近几年移动互联网、智能终端和传感器的快速发展，云计算、物联网、移动互联网、大数据、人工智能等新一代信息技术爆发而起，由 PC 互联网、移动互联网、物联网三张基础网络撑起的各个云计算大平台，上层将衍生出大数据、智慧城市、电子商务、社交网络、O2O 等众多应用和服务。这是一个云计算时代，更是移动互联网时代，而一场规模浩大的智能化浪潮也即将来袭。

虚拟现实及增强现实技术的兴起有望发展成下一代计算平台，这种新的信息载体的创新很可能是革命性的，让过去几十年来一直依靠外部屏幕进行信息交互的模式产生颠覆性的变化，这种变化未来可能对 PC 互联网、移动互联网的商业模式产生革命性影响，人们在网站页面上一页页翻看阅览文字、图片和视频信息、购买商品等常见上网行为可能将不复存在。如果说过去 PC 互联网是一个文字信息为王的时代，那么现在移动互联网就是一个 App 应用为王的时代，而未来二三十年可能是一个虚实结合的三维混合现实时代、全息影像流行的时代。未来社会，无处不在的智能终端、超级计算与高速网络，通过提升信息传播效率而让人们工作更轻松、生活更精彩。

上一波 PC 互联网大潮成就了今天中国互联网的统治者，大集团的掌舵人：以 1964 年出生的马云和张朝阳起头，1966 年朱骏，1967 年沈南鹏，1968 年李彦宏；接下来 1969 年的是梁建章、雷军、曹国伟；再往下，周鸿祎 1970 年，丁磊、马化腾、池宇峰都是 1971 年；陈天桥收尾，1973 年；这一拨人都是出生在 1964 年 ~1973 年的十年之间，大部分人创业年龄在 25~30 岁之间，抓住了 PC 互联网萌芽的契机。这一波移动互联网大潮以更快的速度造就了一批估值超过 10 亿美金的"独角兽"互联网企业，比如小米、滴滴、美团、猎豹移动、今日头条、陌陌、美图秀秀等，他们是 80 后、90 后年轻一代网民的网络风向标，拥有大量忠实粉丝。

成熟的巨头林立的 PC 互联网已经让人们的信息与娱乐需求很好得到满足，移动互联网时代商务与应用需求将呈爆发性增长，移动互联网将渗透人们工作、生活的每一环节,虚拟经济与实体经济融合发展。随着 4G 高速无线网的快速发展和智能终端的进一步普及，全社会将真正可以做到万物皆联网，无处不计算。梅特卡夫定律告诉我们，网络的价值与联网用户数量的平方成正比。移动互联网时代，智能手机、平板电脑、智能眼镜、智能手表、智能家居等各种智能终端及物联网传感器将接入无线网络，并连接云计算中心，移动互联网产生的价值将是过去 PC 互联网的数十倍。

PC 互联网正在下沉

诞生仅有约二十多年历史的中国互联网，成就了一批批年轻创业者，是批量制造亿万富豪最快速的行业。截至 2016 年 12 月底，中国境内外上市互联网企业数量达到 91 家，总体市值为 5.4 万亿人民币。其中腾讯公司和阿里巴巴公司的市值总和超过 3 万亿人民币，两家公司作为中国互联网企业的代表，占中国上市互联网企业总市值的 57%。伴随着互联网创业大潮的兴衰起落，互联网企业在过去二十多年也经历了五波上市大浪潮。2000 年前后的中华网、新浪、网易、搜狐；2005 年前后的携程、空中网、盛大、腾讯、百度；2007 年前后的巨人、完美世界；2010 年前后的优酷、土豆、麦考林、当当网、奇虎 360 等；从 2013 年底至今，去哪儿、58 同城、汽车之家、新浪微博、聚美优品、京东商城、陌陌、乐视、阿里巴巴等企业接连上市。

阿里巴巴 2014 年纽交所上市创美股史上最大 IPO

在中国互联网行业在境内外上市的 90 多家公司中,以网游为主业或网游业务在财报中占有相当比例的公司有将近 30 家,约占整体数量 30% 份额,尤其是 2010 年之前上市企业占相当大比例,而最近几年上市中国互联网企业主要集中在商务及社交领域。

从互联网发展历史轨迹看,从门户、搜索、游戏、娱乐、电商、生活服务到社交网络,总体上是从解决信息需求到解决娱乐需求、商务需求的转变,成熟的巨头林立的 PC 互联网已经让人们的信息与娱乐需求很好得到满足,移动互联网时代商务与社交需求正呈现爆发性增长。因此以信息、娱乐型为主的传统 PC 互联网虚拟经济,正遭遇以商务、应用为主的虚实结合的移动互联网大潮的冲击。

一方面手机网民已经超过 PC 网民,手机已超越台式电脑成为第一大上网终端。另一方面,发展多年的博客、微博、SNS、门户网站等传统互联网业务 PC 端用户增长已显疲态,各企业纷纷加速向移动互联网转型。种种迹象表明,PC 互联网拐点已到,原有的市场早已成为 BAT 几大互联网巨头的天下,留给新进创业公司的机会已经很少。

互联网的未来:回归生活服务

过去二十多年的 PC 互联网属于信息稀缺时代,是人跟着终端走,人围绕着信息转,而目前的移动互联网属于信息过载时代,是终端跟着人走，信息围绕着人转，因此信息订阅成为流行，类似微信公众号、今日头条等手机应用迅速风靡全国。从PC互联网到移动互联网的转变，是由线上到线下的互联网、由软变硬的互联网、由虚拟走向现实的互联网，最终将是身边的互联网，回归生活服务。

艾瑞咨询研究报告显示，2015年中国网络购物市场交易规模3.8万亿元，占当年全国社会消费品零售总额30万亿元的比重为12.7%，未来还有很大的增长空间。然而，可以装到箱子里快递到用户手中的还仅仅限于实物商品，而占居民消费支出最大比例的绝大多数生活服务消费通常都只发生在个人生活、工作地域方圆几公里的范围内。因此，大众旅游、酒店预订、团购、外卖、分类信息及商户点评等生活服务互联网业务也在迅速崛起。

正是借着移动互联网及O2O业务爆发的东风，短短数年间，已经培养了一批生活服务互联网巨头，比如合并后估值150亿美元的美团网及大众点评网、估值100亿美元的赶集网及58同城、估值达150亿美元的携程网及去哪儿网、估值达350亿美元的滴滴和Uber中国等一大批创业及上市公司。其中成立仅4年时间的滴滴出行成为增长最快、估值最高的移动互联网公司，其平台拥有超过1500万司机和3亿注册用户，2015年全平台订单总量达到14.3亿，相当于每个中国人用滴滴约过一次车。

相对于3C数码、服饰美妆、日用百货等易于标准化的商品，早已广为网购用户欢迎，还有一大批侧重消费体验的生活服务业务，如美食、房产、汽车、家装、婚嫁、母婴及旅游等业务还主要盘踞在线下市场，为一大批地方门户网站、地方报社及电视台等传统媒体贡献数千万元的年收入。

正是面对线下市场万亿级的生活服务蛋糕，传统 PC 互联网巨头正在下沉，纷纷砸下重金战略收购兼并各垂直领域移动互联网公司，间接进军生活服务业务。比如阿里巴巴战略投资苏宁云商

2015 年美团与大众点评合并后估值达 150 亿美元

及美团网；重金收购高德地图；百度战略投资去哪儿及安居客，重金收购糯米网；腾讯战略投资大众点评网、滴滴打车及 58 同城。

为了抢占移动端线下市场，培养用户移动端消费及支付习惯，BAT 巨头围绕线下业务展开了一系列竞争。相对于一二线城市的打车大战、团购大战，京东、阿里、当当等电商巨头已经深入农村去刷墙以及开展大篷车下乡，互联网巨头高高在上的姿态已发生微妙变化，纷纷干起线下的粗活、脏活。与此同时，广受互联网冲击的传统线下零售巨头也不甘示弱，苏宁云商、国美在线、万达电商、大润发飞牛网等则试图从线下反攻线上，与其坐以待毙还不如主动出击，一场场从线上到线下，又围绕线下到线上的 O2O 大战此起彼伏。

从趋势上看，未来纯粹的线上互联网公司日子将越来越艰难，互联网公司不主动拥抱线下将有可能面临淘汰，正如奇虎360董事长周鸿祎所说："有一个竞争对手永远打不败，那就是趋势。"毫无疑问，未来"互联网+"大浪潮将渗透人们工作、生活的每一环节，通过提升效率让人们工作更轻松、生活更精彩。互联网虚拟经济与实体经济也必将融合发展，科技最终惠及民生。

互联网＋深入变革传统行业

在"互联网+交通"应用方面，2016年广州交警与高德地图签约展开合作，双方携手主要在数据资源共享、交通数据分析、交通信息公众服务等方面打造智慧交通信息服务平台。在数据资源共享方面，高德地图提供出租车、长途客车、物流货车、车载导航、行车记录仪等数据，而广州交警将提供全市范围内交通事件信息、交通管制信息、交通事故信息、道路交通视频及图像、电子警察、卡口流量数据等权威交通数据，通过互联网数据和交管数据的整合，进行大数据的挖掘，形成更加准确和实时的路况，从而反馈到高德地图，为用户实现最优的躲避拥堵提供参考。而在交通数据分析方面，高德地图免费为广州交警定制开发了专属的交通信息分析平台。

高德地图"互联网+交通"应用

该平台不仅具备"权威交通事件""堵点异常监测""城市堵点排行""热点商圈路况"等交通信息分析功能，还有交通视频查看、交通事件上图、交通研判分析和大型活动专题等功能模块，为交通管理和决策实现智能服务。在交通信息公众服务方面，通过高德地图，广州市民除了可以实现基本的导航功能以外，还能获取到更为准确的实时路况信息，如道路施工、交通事故、管制信息、电子警察提示等，同时将有积水地图、交通热点实时路况图片查看、交通路况诱导屏实时显示等多种服务功能。通过各种先进信息技术的应用，也许不用太久，在中国很多城市，市民出行之前就可通过手机地图及车载导航获知各道路的实时交通信息，然后通过电子地图的智能躲避拥堵路线规划，从而顺畅到达目的地，既解决了堵车的困扰，也减少了汽车尾气的排放，让出行更环保、更高效率。

在"互联网 + 医疗健康" 应用方面，具体内容是指以互联网为载体、以信息技术为手段与传统医疗健康服务深度融合而形成的一种新型医疗健康服务业态，实现以人为中心的闭环健康管理。通过"健康管理→自诊与用药→挂号导诊→候诊→检查诊断→治疗→缴费取药→慢病及康复管理"这一流程实现闭环。未来将通过区域人口健康信息平台，以三大数据库，即电子病历数据库、电子健康档案数据库、全员人口数据库为底层支撑，延伸出各条线的落地应用，实现"推进分级诊疗、方便就诊看病、降低医疗费用、实现健康管理"的总目标。

"挂号排队时间长、看病等候时间长、取药排队时间长、医生问诊时间短"在医疗界被称为"三长一短"，成为患者看病求医的常见

"痛点"。四川大学华西第二医院（三级甲等）联合腾讯公司展开"互联网＋医疗"与"互联网＋智慧医院"深度合作，在优化号源管理、在线医疗咨询、医疗大数据共享等方面都取得了令人瞩目的效果。医院通过微信服务号的便民就医平台、在线问诊和挂号服务等方式让患者节约了 2 小时以上就医时间。据统计，2015 年，华西第二医院累计微信挂号的人次达 44 万，缴费人次 30 万；微信在线支付已占医院诊间支付总量的 50%，对改善患者就医体验起到了重要作用。借助先进的互联网技术，华西第二医院与云、贵、藏等周边各基层医院顺利开展合作，有效推进优质医疗资源向基层延伸发展，共同搭建起华西二医院区域联盟医院，更好落实分级诊疗政策。利用智慧医院平台，结合云计算与大数据技术，实现双向转诊、远程会诊、人员交流等远程医疗服务，并与基层医院共享诸如病例数据、核磁共振、超声波等检查数据，有效提升基础医疗单位的服务水平，进一步抚平不同地区医疗资源分配不均的鸿沟。

在"互联网＋商业零售"应用方面，传统线下商业受到电子商务的冲击一片萧条，实体店因为没有客流、经营不善而关门的现象有愈演愈烈的趋势。在传统的认知里，门店需依托优质的购物中心才能获得人流量。然而，在零售商业竞争态势白热化的今天，有一家叫"KK馆"的互联网体验店却在为购物中心引流，每到一个地方开店都能成为当地消费商圈的焦点。KK 馆是一家创业 3 年的互联网公司，但又在实体店的行业里做得风生水起，最近一年频频开店，已签约开店城市达 36 个，2016 年年初获得深创投 1500 万元 A 轮融资。"KK 馆"分别有线下实体店和线上商城，实体店采取"前店后馆"的设计模式，前店出售上万件优质进口商品，后馆内置咖啡区、书吧等区域，设计主打感性体验，营造舒适购物环境的同时，为线上商城导流。在全国各大购物中心，KK馆互联网体验店的人流量都是爆满，作为一家互联网出生又切入实体零售的创新企业，KK馆利用各种互联网渠道为线下门店引流，这是对传统门店依靠商业中心优越位置引流的商业模式的颠覆。

在"互联网＋物流"应用方面，国务院总理李克强在2016年7月的国务院常务会议上强调："物流业是当前的发展'短板'，其中蕴藏着无限巨大潜力。推进互联网＋物流，既是发展新经济，又能提升传统经济。"调查数据显示，中国社会物流总费用占GDP的比例大约是18%，而发达国家普遍10%左右，高于美国、日本和德国9.5个百分点左右，高于全球平均水平约6.5个百分点，也高于"金砖"国家印度和巴西5～6个百分点。中国货车日行里数300公里，远低于发达国家的1000公里，行业发展处于小、散、乱、差的阶段，整体水平落后于发达国家十年以上，根本原因在于目前缺乏一套高效的公路物流网络运营系统，物流相关的人、车、货各个环节信息极度不透明。从目前物流成本占整个商品价格的比重来看，特别是农产品、农副产品领域的物流成本很高，比如生鲜类产品物流成本占比竟高达50%以上。因此物流成本如果能够明显下降，会直接带动与民生相关的生活必需品价格的下降，对改善物价、稳定民生起到重要作用。

不过，得益于电子商务企业与快递企业的深入合作，我国的快递业务成为整个物流行业的亮点。国家邮政局发布的统计数据显示，2015年快递业务量完成206亿件，同比增长48%，日均处理5643万件，最高日处理量超过1.6亿件，快递业务收入完成2760亿元，同比增长 35%，整体呈现出高速发展的势态。而在 2014 年，我国快递业务量完成 140 亿件，首次超越美国跃居世界第一。借助目前成熟的互联网技术，通过信息化、智能化改造，推广"互联网 + 物流"商业模式，有望明显降低卡车空驶率，帮助司机节约大量的等货时间，企业的物流成本比以往低 20%~30% 也有望实现。根据阿里巴巴的分析，2013 年中国每天要处理大约 2500 万个电商包裹，十年后预计每年突破 2 亿，今天中国的物流体系没有办法支撑未来 2 亿个包裹的投递。因而阿里巴巴和银泰集团、复星集团、富春集团、顺丰速运等物流企业正通过建设一个中国智能骨干网——"菜鸟网络"，让全中国 2000 个城市在任何一个地方能够 24 小时内送货到家。

阿里巴巴打造中国最大智能物流系统"菜鸟网络"

在"互联网 + 公共文化服务"应用方面，杭州市图书馆与杭州市新华书店合作推出"悦读"服务计划，读者可自行前往书店挑选新书借阅，由杭州市图书馆作为馆藏图书代读者付费买单，通过此举释放全民阅读潜能。凡持有杭州市市民卡、身份证或杭州地区公共图书馆借书证的读者，到新华书店庆春购书中心挑选心仪的图书，通过手机下载安装杭图自行研发的"悦读服务"App软件，在了解、熟悉借阅规则后，到购书中心服务专柜即可办理相关借阅手续。庆春购书中心是杭州市级最大的零售实体书店，拥有7500平方米的图书卖场，在架品种20多万册，每年新书品种15万册左右。

近年来，随着读者个性化、多元化的阅读需求不断增加，对文献资源的选择类型提出了更高要求。一边是读者发出"借不到好书"的声音，一边是有的图书"束之高阁"无人借阅，供需不对称的现象在一些图书馆普遍存在。一直以来公共图书馆的服务模式都是依照采、编、藏、借的流程，一本新书从采购到被读者借阅至少要一个多月时间，选购图书是图书馆馆员的专职，对读者需求把握不到位容易出现图书供求的错位。根据测算，杭图推出这项服务后，图书馆的增量图书由单向采购的众口难调变成了读者自选的各取所需，读者最快可借阅到一星期内刚出版上市的新书。杭州市图书馆此次推出"悦读"服务计划，用更加便捷的方式满足广大读者的借阅需求，使读者首次从文献资源建设的接受者，转变为发起者。同时，也将提高馆藏文献资源的利用率，主动适应"互联网＋"时代下的公共文化服务新模式，充分发挥公共图书馆的知识传播和社会教育作用。

在"互联网＋农业"应用方面，农业是中国最后一个未被商业化的产业，中国农业一直以来"靠天吃饭"经济效益较差，目前面临着通过互联网技术进行产业升级。在生产环节，农村生产资料的产供销体系刚刚从封闭走向开放，商业流通效率低下，市场信息滞后；在销售环节，高附加值农产品的销售渠道还不通畅，农产品电商也存在"散、低、少"的问题；而在消费方面，农村市场商业基础薄弱，农民消费需求无法满足。互联网与农业的跨界融合，可以推动农产品生产、流通、加工、储运、销售、服务等环节的互联网化，提升农产品供应链的效率，从而提升产业效益。2016年中央一号文件明确提出，要大力推进"互联网＋现代农业"，应用物联网、云计算、大数据、移动互联等现代信息技术，推动农业全产业链改造升级。"互联网＋"代表着现代农业发展的新方向、新趋势，也为转变农业发展方式提供了新路径、新方法。统计数据显示，2014年中国农产品和食品市场规模近10万亿元，农资市场规模超过2万亿元。中央一号文件连续12年聚焦农业，2015年以"加快推进农业现代化"为主题，提到要创新农产品流通方式，支持电商、物流、商贸、金融等企业参与涉农电商平台建设。

随着近几年"互联网＋农业"大浪潮的兴起，一些知名企业家也在用全新的方式改造农产品生产、供应及消费链条，从而提升农产品附加值。比如褚时健的"褚橙"、柳传志的"柳桃"、潘石屹的"潘苹果"并称为互联网三大水果品牌，曾经一度成为业界佳话，成为农产品品牌人格化、故事营销等的典型案例。作为国内最早进军现代农业的IT企业之一，联想控股于2010年开始涉足现代农业投资领域，2012年8月正式成立佳沃集团负责推动农业产业规模化、标准化和品牌化经营，打造联想的现代农业版图。目前联想控股的农业食品板块已布局水果领域的"佳沃鑫荣懋集团"、饮品领域的"佳沃葡萄酒""龙冠茶叶""酒便利"，农业互联网领域的"云农场"以及在主粮领域与黑龙江北大荒集团成立合资公司，并且佳沃集团已经成为国内最大的蓝莓全产业链企业和最大的猕猴桃种植企业。

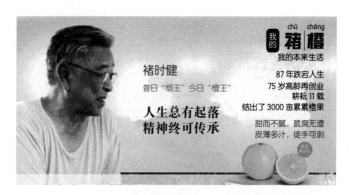

75 岁高龄的褚时健创立"褚橙"成为"中国橙王"

继我国网购市场规模突破一万亿之后，城市网购市场增速日渐放缓，农村市场成为电商下一轮增长的新引擎，2016 年农村电商市场规模有望达到 4600 亿元。据华创证券农产品电商分析报告，2014 年我国涉农电商 3.1 万家，涉农交易类电商近 4000 家，其中农产品零售电商增长迅速，2013 年、2014 年交易额分别增长 104%、74%。因而，阿里、京东、苏宁等大型电商企业近几年纷纷重金布局农村市场，以期将农村电商打造成新的业务增长点。2014 年 10 月阿里巴巴集团在首届浙江县域电子商务峰会上宣布"启动千县万村计划"，预计在 3~5 年内投资 100 亿元，建立 1000 个县级运营中心和 10 万个村级服务站。截至 2015 年 10 月，"农村淘宝"共对接全国 27 个省，其中落地 23 个省、150 余个县域 6000 余村点。除了农村淘宝项目本身外，阿里巴巴未来将落地农村的还有菜鸟物流项目、蚂蚁金服农村金融项目、淘宝特色中国地方馆项目、地方推荐、跨境电商、天猫网厅通信服务项目、阿里旅行、"千县万村百万英才"人才培养项目、淘宝大学县长班、电子政务进村 + 农村淘宝等，依托阿里巴巴平台资源，做大做强农村电商版图，实现农村电商爆发式增长。

另一中国电商巨头京东集团在农村电商方面的布局也开展得如火如荼，京东 2015 年年初提出了农村电商"3F"战略，推动农业电子商务与现代农业发展，实现农业转型升级，帮助农民增收致富。截至 2016 年 6 月 30 日，京东乡村推广员接近 30 万人，"京东帮服务店"开店数量突破 1500 家，大家电配送服务范围超过 42 万个行政村。京东的农村电商生态中心和服务中心已在全国超过 1500 个县落地，包括电商、物流、金融在内的各项服务。目前京东的冷链网络已经覆盖了全国 63 个大中城市，实现了北京、上海、成都等 20 多个城市的生鲜当日送达；京农贷、乡村白条、农资白条等金融创新产品，让农民能用京东的钱来创业、增收、致富；通过原产地直采 + 自营的模式，京东大幅提高了农产品的质量安全水平和销售溢价。此外，京东还大力开展电商培训，完善农产品电商产业链。

第十一章
5G 网络掀起通信革命

IT 产业的本质

IT 产业是半个世纪以来全球高科技产业发展的引擎，也是新经济的代表。IT 全称 Information Technology，也就是信息 + 技术，两者组成了整个信息产业的核心，通过技术创新提升信息的传播效率，从而推动 IT 产业不断向前演进。实际上，一切 IT 产业的本质都可以归结为让信息传播更具效率！从计算机、通信网络、互联网到移动互联网无一不是为了解决信息传播的效率问题，人们常见的文档、图片、音视频本质上说都是数字信息。

信息在整个社会经济活动中扮演着重要角色，因为信息不充分、不对称导致了社会资源配置的效率低下。因此，西方经济学主要是研究稀缺资源的有效配置问题。资源是稀缺的，人们需要让其实现最优化配置，其中最有效的办法就是让信息传播更充分、更有效率。

从数万年前古代结绳记事到今天的即时通信，信息传播的效率提升了不止几千几万倍。回顾近100多年来人们传播信息的方式，从报纸、电报、电话、广播、电视、计算机到手机、智能眼镜，整个演进过程本质上就是信息载体的变化。除了诞生有几百年历史的报纸，从电话到手机所有信息传播设备都是近100年来信息技术发展的产物，可以说信息载体的变化体现着整个信息产业的演化进程，技术的变革直接提升信息化程度。未来几年我们接触到的信息载体往往是一块块屏幕，例如比今天更轻薄的智能手机、平板电脑和液晶电视，甚至是更轻便的智能眼镜，信息载体已向高级化、智能化、便携化、多样化演进。

俗话说"要致富先修路"，网络畅通才能带来应用及内容的繁荣。没有高速的宽度网络及低廉的接入费用，云计算、大数据、物联网等技术，以及视频、直播、VR/AR等内容就很难发展起来，整个社会的信息化及智能化水平就会受到影响。在未来，一个国家和地区的落后首先表现在信息基础设施的落后以及信息化水平的低下。国家与国家之间，人与人之间，最大的差距将表现在信息获取能力的差距，最大的不平等将是信息获取的不平等。

联合国相关研究表明，宽带网络的部署是当前全球经济增长和持续复苏的最重要的驱动力之一，也是未来数十年中最关键的经济驱动力。宽带网络是未来信息社会经济发展的主要基础设施和战略资源，

21 世纪之后很多国家已将宽带网络列为和水、电、气、公路一样重要的公共基础设施，日本、韩国更是将宽带网络视为"立国之本"，美国、英国、新加坡、澳大利亚的宽带网络战略正开展得如火如荼。

5G 浪潮席卷而来

回顾移动通信网络的发展历史，每隔 10 年左右，以通信网络的升级迭代为标志，移动通信领域就会发生一场大变革。每隔 10 年，新的移动通信技术就会普及：20 世纪 80 年代第一代移动通信网络诞生，然后是 90 年代的 GSM 网络，随后到 21 世纪前 10 年的 3G 网络，紧接着是 2010 年前后的 4G 网络，而 2020 年之后很多国家的 5G 网络将会进入商用。

以移动通信网络数据传输速率做比较，第一代模拟式系统（1G）仅提供语音服务；第二代数字式移动通信技术（2G）传输速率最初只有 9.6Kbps，后期最高可达 384Kbps；而第三代移动通信技术（3G）数据传输速率根据不同运营商网络从 2.8Mbps 至 21.6Mbps 不等；第四代移动通信技术（4G）通常可达到 10~20Mbps，甚至最高可以以 150Mbps 速度传输无线信息，这种速度相当于 10 年前手机上网速度的大约 100 倍，比 20 年前拨号上网快 2000 倍。而目前众多国家竞相发展的第五代移动通信技术（5G）其网络传输速率将达到 20Gbps，将是 4G 峰值的 100 倍左右。这是一个从量变到质变的过程，好比从双车道进入 20 车道，又发展到 200 车道，而且还会继续升级下去，网络速度将会越来越快，资费也越来越便宜。

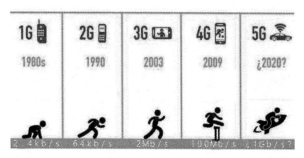

全球移动通信技术演进历程

相比目前普遍使用的 4G 网络，5G 网络具有高网速、广覆盖、高容量、低功耗和低时延等特点，其峰值速率将增长近百倍，从 4G 的 100Mbps 提高到 5G 的数十 Gbps。可支持的用户连接数增长到 100 万用户 / 平方公里，可以更好地满足物联网设备的海量接入。同时，端到端延时将从 4G 的十几毫秒减少到 5G 的几毫秒。正是这些优势才能够满足不同用户、不同行业对于通信的复杂需求，通信网络将不再是互联网内容及应用发展的障碍。

根据中国 IMT–2020(5G) 推进组于 2014 年 5 月发布的《5G 愿景与需求白皮书》披露数据显示，预计到 2020 年，全球移动终端（不含物联网）数量将超过 100 亿，其中中国将超过 20 亿，全球物联网用户将超过 500 亿，其中中国将超过 100 亿。以 2010 年流量为标准，2020 年全球数据流量将增长 200 倍，其中中国将增长 300 倍，热点城市如北京、上海将增长 600~1000 倍，到 2030 年预计全球流量增长为 2010 年的 2 万倍。2016 年以 310 亿美元收购了 ARM 公司的软银集团首席执行官孙正义认为，"到 2018 年，物联网设备的数量将超过移动装置；到 2021 年，个人计算机、移动装置和物联网设备的数量将分别为 18 亿、86 亿和 157 亿，而更为重要的是，在未来的 20 年里，将会有 1 万亿台物联网设备出现。"可见，4G 时代的通信管道很可能被未来 10 年爆炸式增长的移动数据流量所堵塞，而物联网将是未来真正的杀手级应用，这就需要性能更加优越的 5G 网络来支撑。这就不难理解，为什么 4G 才推广没多久，各国已经开始未雨绸缪，争相投入大量人力物力开展 5G 技术研发。

各国抢占 5G 战略制高点

过去不同的国家都想主导推出自己的移动通信网络标准，导致市场上不同运营商之间往往出现不同的网络制式，而且这些网络互不兼容，这样也导致通信网络资源的大量浪费。3G 时代的通信标准，有欧盟主导的 GSM/WCDMA、美国主导的 CDMA 及其后续演进、中国主导的 TD-SCDMA；在 4G 时代，有中国主导的 TD-LTE、欧洲主导的 FDD-LTE 两种制式，因此出现了各种不同制式的手机，给消费者造成一些困扰。由于全球网络互通性和规模经济的需要，5G 技术标准将实现全球统一，因此不会出现 3G、4G 时代所出现的各网络制式互不兼容的问题，手机等移动终端将可以兼容各大运营商的无线网络，这样会给消费者带来极大的上网便利。

根据国际惯例，总部位于瑞士日内瓦、主管全球信息通信技术事务的联合国专门机构——国际电信联盟（简称 ITU）将是 5G 标准的最终决定机构。这家成立于 1865 年的全球性电信组织，共有 193 个成员国，一百多年来一直负责分配和管理全球无线电频谱、制定全球电信标准，在全球信息通信领域发挥重要作用。目前 ITU 已经启动 5G 标准研究工作，并明确了"IMT（国际移动通信系统）2020 及展望"项目的工作计划，其中 2016 年将开展 5G 技术性能需求和评估方法研究，2017 年年底启动 5G 候选方案征集，2020 年底完成标准制定。在这个过程中，包括欧盟在内的各方均可向国际电信联盟递交申请。

正因为 5G 网络将实行全球统一的技术标准，而 5G 标准与未来的物联网产业息息相关，蕴含着巨大的经济和战略利益，因而欧美日韩等国家都希望能在技术标准上占据主导权，早早进行了相应的技术研发和布局。早在 2012 年 11 月，欧盟就已启动总投资达 2700 万欧元的大型科研项目 METIS，集中力量推动 5G 技术研发。该项目组研发阵容强大，由爱立信、法国电信等通信设备商和运营商、宝马集团以及欧洲部分学术机构共 29 个成员组成。除了欧盟外，美国、韩国、日本也联合国内运营商和电信设备制造商，开展了相应的技术研究和产业布局，多个国家已经制定了 5G 商用计划。比如，日本计划在 2020 年东京奥运会期间开通 5G 商用服务，目前日本运营商 DoCoMo 已经进行了一些网络试验；韩国的 5G 商用进程将以服务 2018 年平昌冬奥会为关键时间节点，未来两年韩国运营商将着重研究第二阶段的测试工作，同时包括 VR、AR 以及系统开发等方面的工作；美国政府于 2016 年宣布了一个"先进无线通信研究计划"，将斥资四亿美元联合三星、AT&T、T-Mobile、高通等科技公司，在美国四座城市建设试验性的 5G 网络，并且争取在 2020 年之前率先在少数城市启用 5G 商用服务。

在移动通信的演进历程中，中国不断转变角色，依次经历了"2G 跟随，3G 突破，4G 同步"的各个阶段，4G 时代凭借在 TD-LTE 方面的率先投入和持续研究，中国通信业赢来了赶超欧美传统强国的机会，在 TD-LTE 领域已经处于世界领先水平。为了把握 5G 时代可能出现的"弯道超车"战略机遇，中国于 2013 年率先在亚太地区成立 IMT-2020（5G）推进组，从产业政策上推动中国企业积极展开 5G 技术的研发和布局，以期实现 5G 技术领先发展的目标。截至 2016 年秋季，中国三大运营商均已制定了 2020 年启动 5G 网络商用的计划，最快将于 2017 年展开试验网络的建设和相关测试。如果前期工作进展顺利，三大运营商将有可能在 2018 年开始投入 5G 网络建设，到 2020 年正式启动商用。

随着 5G 商用的临近，其标准制定也牵动着各参与机构的神经，各标准备选方案的较量也开展得如火如荼。在 2016 年国际无线标准化机构 3GPP 的 RAN1 第 87 次会议讨论的 5G 短码方案中，中国华为公司主推的 Polar Code（极化码）方案，从美国高通主推的 LDPC、法国主推 Turbo2.0 两大竞争对手中脱颖而出，成为 5G 短码控制信道的最终解决方案，而美国 LDPC 方案被确定为 5G 中长码编码方案，这是中国公司第一次进入到全球基础通信框架协议领域。值得注意的是，Polar Code 并不是 5G 标准，只是编码方案之一，5G 的标准还在方方面面的博弈之中。编码与调制被誉为通信技术的皇冠，其也是通信技术的核心部分，因而华为拿下的 5G 短码方案也将成为 5G 标准的重要角色，华为至少在未来五年内在全球通信行业中具备更加明显的优势地位。

华为在 5G 领域创新成果显著

目前，华为在 5G 领域先后投入预算 6 亿美元。6 年前，华为开始围绕 5G 开展预研究，先后投入预算 6 亿美元，建立超 500 人的专家团队。2018 年年底前，华为致力于 5G 标准化制定，2018 年将率先与合作伙伴联合开通 5G 试商用网络，2019 年推动产业链完善并完成互联互通测试，2020 年正式商用。除了华为，中兴通讯也是 5G 全球技术和标准研究活动的主要参与者和贡献者。早在 2015 年 3 月，中兴通讯就加入欧盟 H2020 计划，致力于 5G 创新研究；在德国法兰克福的 NGMN 大会上，中兴通讯还被德国电信列入首批 5G 创新实验室合作伙伴名单；在巴塞罗那通信展上，中兴通讯 Pre5G 基站业务演示一鸣惊人，实测单载波平均峰值速率超过 400Mbps，更是创造了频谱效率和单载波容量的新纪录。据不完全统计，2014 年中兴通讯纯新增投入 2 亿元用于 5G 领域研发，2015 年中兴通讯研发投入 122 亿元，居国内上市公司首位，其中 5G 研发是重点，2018 年中兴通讯预计将在 5G 研发投入 2 亿欧元。

在 5G 战略制高点的争夺中，中国企业任重道远。有法律专家通过对 5G 技术进行专利检索发现，截至 2015 年 4 月 1 日，相关申请人在中国提交的关于 5G 技术的专利申请为 211 件，在美国提交的专利申请为 179 件。世界主要申请人中，提交 5G 专利申请数量最多的是日本电报电话公司（NTT），申请量为 61 件；三星排在第二位，提交的专利申请量为 53 件；美国阿尔卡特朗讯公司作为传统的通信业领导者，也提交了 41 件专利申请；华为在 5G 技术方面提交的相关专利申请为 30 件。从专利数量分布看，相较于日、韩、欧、美等国家和地区而言，中国的 5G 研发力量不够集中，研发水平有待进一步提升。

第一代移动通信，中国于 1987 年部署，比世界主流国家晚了 8 年。2G 时代，1995 年中国开始建设 2G 网络，较欧洲晚了 4 年。2009 年，中国第一个 3G 网络开通，比世界上第一个 3G 网络开通晚了 8 年。2013 年中国 4G 牌照发放，比全球第一个 4G 网络晚了约 3 年。

2016 年"十三五"规划纲要明确提出要积极推进 5G 发展，2020 年启动 5G 商用，中国的 5G 网络部署将与全球同步，甚至是最先大规模部署的国家。

5G 网络实现"万物互联"

　　顺应全球科技发展趋势，推动发展 5G 网络已成为国际社会的战略共识。5G 将大幅提升移动互联网用户业务体验，满足物联网应用的海量需求，推动移动通信技术产业的重大飞跃，带动芯片、软件、服务商等快速发展，并将与工业、交通、医疗等行业深度融合，让工业互联网、车联网等新业态快速成熟，给人们的生活方式、生产方式带来深刻影响。

　　在 5G 网络环境下，一部超高清画质的电影 1 秒内就可以下载完成，虚拟现实智能眼镜可以瞬间让你置身于千里之外的比赛现场，无人驾驶汽车可瞬间执行系统指令避免了一场车祸事故的发生，无人机、智能空调、智能门锁等各种智能硬件实时连接控制中心实现监控数据的交互。未来 10年，移动医疗、车联网、智能家居、工业控制、环境监测等将会推动物联网应用爆发式增长，数以百亿甚至千亿计的设备将接入网络，万物皆联网，无处不计算，世界将进入物联网时代，人类将从信息化时代迈进智能化时代。

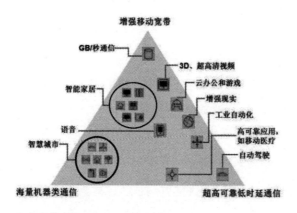

国际电信联盟规划的 5G 应用场景

智能化浪潮：
正在爆发的第四次工业革命

欧盟研究认为，远程医疗是 5G 重要的应用领域之一。目前，实施跨越国界的远程手术需要租用价格昂贵的大容量线路，但有时对手术设备发出的指令仍会出现延迟，这对手术而言意味着巨大的风险。但 5G 技术将可以使手术所需的"指令－响应"时间接近为 0，这将大大提高医生操作的精确性。在不久的将来，病人如果需要紧急手术或特定手术，就可以通过远程医疗进行快速手术。

目前的无人驾驶技术及车联网技术也迫切需要 5G 网络的尽快落地。当前的 4G 网络端到端时延的极限是 50 毫秒左右，还很难实现远程实时控制，但如果在 5G 时代，端到端的时延只需要 1 毫秒，足以满足智能交通乃至无人驾驶的要求。现在的 4G 网络，并不支持这样海量的设备同时连接网络，即使在车站及展会等人群集中的场所 4G 网络也经常卡顿。而在 5G 时代，1 平方公里内甚至可以同时承载 100 万个设备进行网络连接，它们大多都是各种传感器，用于获知道路环境，提供行车信息，分析实时数据，智能预测路况……通过它们，驾驶员可以不受天气影响，真正 360° 无死角地了解自己与周边的车辆状况，遇到危险也可以提前预警，甚至实现无人驾驶。

5G 时代的来临，中国不但在技术上已经与全球同步，还可能因为市场规模优势而最先取得巨大商业回报，这是中国通信产业未来十年最大的产业机遇。中国已建成全球最大的 4G 网络，基站规模超过 200 万个，用户数突破 5 亿；拥有全球第一互联网用户数和移动互联网用户数，成为全球最大的电子信息产品生产基地和最具成长性的信息消费市场，培育了一批具有国际竞争力的通信企业及互联网企业。截至

2015 年年底，中国已拥有 6.88 亿网民，网民普及率达到 50.3%，全年移动互联网接入流量超过 400 万太字节，同比增长 103%。庞大的用户群体和经济总量孕育着巨大的应用需求和发展潜力，为加快步入 5G 时代奠定了市场基础。

第十二章
金融科技掀起普惠金融浪潮

比特币刮起虚拟货币旋风

2008年爆发全球金融危机,当时一位自称中本聪的技术人员发布了一种电子货币的新设想。2009年年初根据中本聪的思路设计开发的P2P形式的虚拟货币诞生,它就是比特币(BitCoin)。与大多数货币不同,比特币不依靠特定货币机构发行,它依据特定算法,通过大量的计算产生,通过众多节点构成的分布式数据库来确认并记录所有的交易行为,并使用密码学的设计来确保货币流通各个环节安全性,这种技术也称为区块链技术。由于比特币具备总量有限、不受传统金融机构控制、不受政府监管等性质,在快速流行的同时也存在很大争议。

比特币自 2009 年初问世以来，直到 2010 年 5 月 22 日，其价格都接近于零。此后的 6 年，由于受到不少技术极客人士的追捧，交易价格一路飙升，开始了从几美分到几百美元的逆袭之路。到 2013 年 12 月 4 日，比特币价格达到了 1147 美元的历史高位，随后又开始不断走低，2015 年最低时仅有 200 多美元，截至 2017 年 3 月比特币价格再次突破新高站上 1200 美元，价格波动非常大。由于比特币的交易量越来越大，参与的人也不断增多，于是诞生了很多专门挖掘比特币的挖矿工厂以及提供交易服务的比特币交易平台。

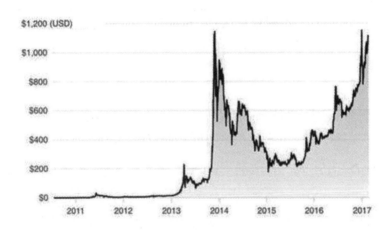

比特币价格

不过，作为一种完全依靠互联网技术实现流通并且缺乏官方监管的虚拟货币，比特币也面临着时不时爆发的技术风险及平台运营风险。世界最大规模的比特币交易所 Mt.Gox 运营商 2014 年 2 月 28 日宣布，因交易平台的比特币被盗损失约达 4.67 亿美元，以致 Mt.Gox 不得不向东京地方法院申请破产保护。受 Mt.Gox 破产事件影响，全球比特币交易出现了明显的波动，事件当日中国比特币价格一度从接近 3600 元跌至 3050 元人民币，当日跌幅达 15%。中国的比特币交易网站在这次风波中却因祸得福，很多比特币投资者纷纷转向中国的比特币交易网站，有数据称中国内地比特币交易量如今已占全球交易量的 80% 左右，最高时期日交易额达到 200 亿元人民币。

比特币自 2009 问世以来，不断遭到各国司法机关和金融监管机构的质疑。不过随着比特币影响力的不断扩大，越来越多的国家一定程度上承认其合法性，也有更多电商平台接受其作为支付工具。2013 年 8 月，德国政府承认比特币的合法地位，比特币将可用于缴税和其他合法用途。在美国，一些州也已将比特币认定为合法交易工具。比如，2014 年初有专门的比特币 ATM 机亮相美国波士顿，方便用户出售和购买比特币。这台设备是由美国自由存款公司引进，安装在日流量 2 万人的波士顿火车站南站。2014 年 9 月 9 日，美国电商巨头 eBay 宣布，该公司旗下支付处理子公司 Braintree 将开始接受比特币支付。该公司已与比特币交易平台 Coinbase 达成合作，开始接受这种相对较新的支付手段。

区块链重建社会信用

尽管比特币并非合法的数字货币，但是支撑比特币正常运转和流通的核心技术是区块链技术，它是未来各国央行发行官方数字货币的重要技术基础。全球众多知名金融机构在具体推动区块链技术应用方面下了不少功夫，包括花旗银行、西班牙银行、摩根大通、摩根士丹利、瑞银等在内的 40 余家金融巨头共同建立了 R3CEV 联盟，旨在推动制定适合金融机构使用的区块链技术标准，推动技术落地。麦肯锡的研究声称，区块链技术是继蒸汽机、电力、信息和互联网科技之后，目前最有潜力触发新一轮颠覆性革命浪潮的核心技术。

全球众多金融及科技巨头重金布局区块链技术

区块链技术最直接的用途就是用来发行数字货币，但是它的意义要远远超越货币或现金。它的最大魅力在于创造了一种分布式的记账方式，从而解决了经济中的信任问题，因为一旦记录下来任何人都无法单独篡改。古代苏美尔人发明楔形文字最初用途也是用于记账，比如记录财产、债务、税收、契约等内容，但是这些用文字记录在纸上的数据，或者是今天记录在电脑里面的电子数据，大部分都很容易遭到人为篡改，从而带来信用风险。区块链技术独特的分布式记账方式，相当于在互联网上建立一个唯一的、无法篡改的账本，因而区块链记录下来的每一笔交易都绝对可信。

传统交易环境中，除非一手交钱一手交货，否则人们需要不断判断对方的信用水平或者选择第三方中介作担保，比如支付宝的担保交易，但区块链技术实时记录，不可抵赖，重新组织了交易过程中的信任关系。蚂蚁金服首席架构师童玲将区块链形容成一本"公共账本"："想象一下，区块链的每个节点都有一本存折，每本存折上会同步记录下全网发生的每一笔交易，而且同一笔交易在不同的存折上保持一致，一旦发生就像是打印在存折上，无法篡改。"

在金融领域交易记录不可篡改太重要了，以致很多金融机构都在考虑如何尽快用区块链技术代替目前落后的金融交易方式。以票据交易为例，它属于金融领域中集交易、支付、清算、信用等诸多金融属性于一身的非标金融资产，规模大，参与方多，且业务场景比较复杂，市场上假票、克隆票屡见不鲜，票据的真实性鉴定成为票据市场发展的一大难题，因而被业界认为是区块链技术的一个极佳应用场景。2015 年，中国企业累计签发的商业汇票就有 22.4 万亿元，相较之下当年的新增人民币贷款仅为 11.72 万亿元。不同于传统的纸票和电子汇票，通过区块链技术，数字汇票将以数字资产的方式进行存储、交易，不易丢失、无法篡改，具备更强的安全性和不可抵赖性。如果票据结算再结合央行发行的数字货币进行清算，那么整个金融链条各个环节都将进入分布式的网络账本，区块链终将改变目前的清算与汇款方式。中国央行科技司副司长兼数字货币研究所筹备组组长姚前表示："央行发行法定数字货币的原型方案已完成两轮修订，未来有望在票据市场等相对封闭的应用场景先行先试。"

不仅仅是金融领域对区块链技术表现出极大兴趣，实际上一切需要进行追踪的、确保真实不可篡改的行为都可以用区块链进行记录。以公益捐款追踪为例，以往捐款进入公益项目账户之后就无法追踪，款项的具体用途去向是否符合规定很难进行监管，但是蚂蚁金服利用区块链技术，让每一笔款项的生命周期都可以记录在区块链上，让捐款人可以持续追溯捐款的具体流向，大大降低监管成本及信用成本。

数字货币来临，纸币将消失吗

随着移动互联网的快速普及，以支付宝、微信支付为代表的网络支付已经逐步代替现金交易，人们在很多城市吃住行等日常消费只需要一部手机就能完成，这是电子支付带来的便捷。然而，支付宝等只是电子支付方式，交易时所用的资金都是通过银行账户转账而来，也就是说支付宝里的资金实际上还是对应着一张张钞票，而数字货币本身就是钱，这是数字货币与支付宝、微信支付等电子支付的根本区别。

已经诞生近千年历史的传统纸币，容易被伪造、仿制，各国面临着比较大的打击假币的压力，而且保管成本很高，纸币的淘汰将是一种趋势。数字货币不仅能节省发行、流通带来的成本，还能提高交易或投资的效率，提升经济交易活动的便利性和透明度。数字货币通过区块链技术可提升数据的真实性与不可篡改性，即使某个节点被损坏或遭受攻击，仍然不会对交易记录造成任何威胁，数字货币还能根据需要进行实时追踪。中央银行可以通过发行并推广大额数字货币，监管机构可以根据法律授权追踪大额数字货币的流通路径，从而有望让腐败、洗钱、非法交易、偷税漏税等违法犯罪行为无处遁形。中央银行也可以对官方数字货币的流向及换手率等指标进行实时监控，这也有利于制定符合经济运行需要的货币政策及金融政策，因而数字货币的大规模发行使用将可能掀起本世纪的一场金融革命，这就是货币的智能化浪潮。

鉴于数字货币的巨大应用潜力，欧洲很多国家央行近两年来大力支持发展数字货币这种新型的金融工具。2015 年 10 月，英国央行首席经济学家安迪·哈德恩表示，希望废止现金，以实行负利率的数字货币取而代之，改用数字货币将是伟大的技术跃进。挪威最大的银行 DNB 随后也呼吁，政府应该彻底停止使用现钞。德意志银行联合首席执行官约翰·克赖恩在 2016 年达沃斯论坛预测"十年后现金很可能将不存在"。

中国人民银行官网在 2016 年秋季发布了招聘从事数字货币研究与开发工作人员的信息引发了很多人的关注，市场认为这是中国央行加快推进数字货币发行的重大信号。在此之前，央行数字货币研究所筹备组负责人就公开透露，中央银行发行的数字货币目前主要是替代实物现金，降低传统纸币发行、流通的成本，提升经济交易活动的便利性和透明度。

诺贝尔奖背后的普惠金融

金融作为现代经济的血脉，在社会经济发展过程中起着举足轻重的作用。在世界500强企业中金融服务类企业占了近20%，位居所有行业首位，金融巨头的身影一直活跃在全球经济体系的各个领域，为科技发展及社会发展提供各种金融服务支持。不过，在近代两百多年的工业经济中，金融服务基本上属于富人及大型企业的专利，普通人及中小微企业只能享有比较初级的金融服务，很多穷人甚至一生与金融无缘。正是传统金融服务的不平等性，让弱势群体享受不到金融服务带来的发展机会，又加剧了不同阶层群体之间的财富鸿沟。因而，普惠金融的理念应运而生，开始探索让金融服务惠及更广大人群，人人都享有金融服务的权利成为一种可能。

普惠金融的理念产生于20世纪70年代，发展于21世纪初。2003年，联合国前秘书长安南指出，世界上大多数贫困人群缺乏可承受的金融服务，我们必须建立起普惠金融体系来帮助他们提高生活水平。2005年联合国正式提出普惠金融概念，指以可负担的成本为有金融服务需求的社会各阶层和群体提供适当、有效的金融服务，其中小微企业、农民、城镇低收入人群等弱势群体是普惠金融重点服务对象。普惠金融的核心思想是所有人群都应该享有无偏见的金融服务，包括信用、保险、存储和支付等。根据世界银行估算，2014年全球仍有约20亿成年人无法享受到最基础的金融服务。

普惠金融从萌芽到进入快速发展经历了数十年的发展探索，其中孟加拉乡村银行创始人穆罕默德·尤努斯获得诺贝尔和平奖成为这个领域的分水岭。1974年，出生于孟加拉的美国经济学博士穆罕默德·尤努斯在家乡孟加拉创立小额贷款项目。1983年，尤努斯正式成立孟加拉乡村银行——格莱珉银行。孟加拉乡村银行模式是一种利用社会压力和连带责任而建立起来的组织形式，是当今世界规模最大、效益最好、运作最成功的小额贷款金融机构，在国际上被大多数发展中国家模仿或借鉴。2006年10月，尤努斯因其成功创办孟加拉乡村银行，荣获诺贝尔和平奖。尤努斯教授曾在一个中国金融交流论坛上发表演讲，谈起创建孟加拉乡村银行的初衷时，他说："即使是世界上最有钱的国家，这些国家也有穷人，也有非常贫穷的人口，他

孟加拉乡村银行创始人穆罕默德·尤努斯

们希望贷到一点点钱，这是我们为什么贷款给非常贫困的人的原因。"尤努斯教授开创和发展了"小额贷款"服务，因而被誉为"穷人银行家"，也是普惠金融的代言人。

　　普惠金融最开始重点关注的是如何为穷人提供金融服务，尤其是非洲地区很多国家大量人口连最普通的交易服务都难以获得，而推广高级的金融服务还任重道远。由于传统金融机构网点布局稀少，

金融服务基础设施严重不足，因而近年来快速发展的手机通信工具逐步成为非洲人接受金融服务的重要工具。非洲做得比较好的、比较让人放心的普惠金融服务是手机银行服务，比如肯尼亚、坦桑尼亚、利比里亚等国广泛利用手机银行。这些国家的用户通过手机，可以开账户、支付，可以获得信息，可以贷款、还款、买保险等，甚至通过一条简单的手机短信，就能实现支付、转账、汇款的金融服务。肯尼亚内罗毕大学发展研究所的一项调查显示，肯尼亚通过手机端转账和支付的使用率处于全球领先地位，有高达71%的受访者表示曾使用过手机金融业务，而坦桑尼亚、利比里亚和苏丹的手机金融业务使用者也分别高达40%、39%和38%。借助手机这种大众化的电子设备发展起来的非洲互联网金融已展现出力量，其爆炸式的增长使非洲的人员交流和贸易方式都发生了显著变化，正改变着非洲大陆几亿人的生活。

疯狂的 P2P 金融

近几年来互联网技术正深入变革影响社会各行各业，尤其是离信息技术越近、效率越低的行业变革越彻底。金融是经济的血脉，其运转效率直接影响整个社会资源的优化配置，而金融行业目前正面临前所未有的技术大变革、商业模式大变革，尤其是一场以个人对个人的小额借贷交易(简称P2P金融)浪潮借助互联网的力量正迅速席卷中国。

P2P 概念最早来源于互联网技术领域的 P2P 下载，也即是个人点对点下载，通过摆脱了过去以中央服务器为中心的资源下载模式从而大幅提升了互联网资源的下载效率，因此 P2P 技术得以风靡全球。而 P2P 金融的商业模式最早起源于孟加拉经济学家尤努斯创办的孟加拉乡村银行，其开创和发展了"小额贷款"的服务，专门提供给因贫穷而无法获得传统银行贷款的创业者。正因为尤努斯通过创办孟加拉乡村银行为穷人尤其是妇女摆脱贫困做出了非凡贡献，从而获得了 2006 年度诺贝尔和平奖。

由于大部分发展中国家受到经济发展水平的制约，其金融体系不成熟，良好的社会信用体系尚未完全建立，从而导致银行等金融机构运转效率低下，社会资金流动不畅，很多急需资金的中小企业及个人难以从银行获得贷款。因而以个人对个人的小额借贷交易在发展中国家得以迅猛发展，这种活跃在传统银行金融机构之外的民间借贷模式一旦插上互联网的翅膀，其凭借更高的运转效率对传统金融模式产生了重大冲击。

近两年来宏观经济下行压力较大，民间投资普遍谨慎，但是以 P2P 金融为代表的互联网金融行业的发展可以用"冰火两重天"来形容。一方面，互联网金融正站上金融科技的大风口，新兴互联网金融平台如雨后春笋般涌现，交易额也成爆炸性增长。根据北大互金研究中心报告显示，近两年全国互联网金融行业每月环比增速达 6.0%，相当于一年翻一番。另一方面，由于互联网金融属于新兴行业，监管政策及制度并不完善，各种行业问题层出不穷，尤其是非法集资案件异常突出，扰乱了金融秩序，也给民众带来巨大损失。据网贷之家数据显示，截至 2015 年年底，P2P 平台共有 3858 家，其中问题平台 1263 家，占比接近三分之一。

尽管目前看来 P2P 金融有着比传统银行更具效率的优势，其未来发展前景也很值得人们期待。但是 P2P 金融本质上还是一项金融业务，只不过借助互联网技术让其运转效率更高、影响范围更广而已，因此 P2P 金融的本质属性决定了资金安全是考量其发展水平的首要因素，而风控能力及资金实力成为了 P2P 金融平台竞争的核心。基于互联网的 P2P 金融由于投资人与借款人并没有通过面对面的交易，而是借助于互联网平台实现对借款人个人信息及信用关系的审核来开展业务，从而导致投资人时常面临借款人弄虚作假恶意借款的信用风险。更离谱的是有部分 P2P 金融网站平台通过虚构借款人信息及项目作假从个人投资者大肆圈钱，表面上是红红火火的 P2P 借贷业务，实质上是平台方通过建立资金池的方式进行非法集资。

由于 P2P 金融目前还缺乏明确的行业监管政策，很多投机分子披着 P2P 金融的外衣从事金融诈骗及非法集资活动，从而让 P2P 金融行业逐渐演变为一个高危的创业领域，从最近两年不断涌现的 P2P 网络平台跑路事件即可侧面印证。此外，由于房地产及传统制造业不景气导致实体经济中很多中小企业出现经营困难甚至破产倒闭的风险，从而让很多面向中小企业放贷的 P2P 金融平台面临坏账急剧上升的风险。正是由于 P2P 金融行业乱象丛生，各种坏账风险及平台跑路事件有越演越烈的趋势，因此监管部门出台了一系列的行业监管政策，其中影响最大的是 2016 年 8 月银监会等四部委联合发布的《网络借贷信息中介机构业务活动管理暂行办法》，该办法明确提出，网贷平台不得吸收公众存款、不得归集资金设立资金池、不得自身为出借人提供任何形式的担保，重申了网贷平台仅作为信息中介的法律地位。这个堪称"史上最严"网贷监管新规，尽管有12个月过渡期安排，但是对大量中小 P2P 金融平台产生重大影响，中国的 P2P 金融也正式告别野蛮生长时期，进入规范发展、做大做强的新阶段。

金融科技变革金融服务

随着宏观经济增速的下滑，实体经济信用风险正不断提升，传统金融机构的风险偏好明显下降，这进一步提高了实体企业的融资门槛及融资成本。而新兴的互联网金融平台凭借大数据、人工智能等技术手段弥补了传统金融机构风险定价成本过高的短板，能够规模化服务一直被银行等传统金融机构忽略的中小企业，让普惠金融得以快速落地，让更多中小企业得到实惠。比尔·盖茨曾经说过："传统银行如果不改变，就是 21 世纪要灭绝的恐龙。"金融市场环境已经发生巨变，新技术的发展让传统金融服务面临巨大冲击，依托大数据的精准金融服务将迎来爆发期。随着行业的快速发展，互联网金融已经成为各领域巨头无法忽视的大蛋糕，除了阿里巴巴、腾讯、百度、京东等互联网巨头最早入场布局以外，恒大、绿城、万达、熊猫金控等传统实业巨头也都纷纷加入互联网金融的竞争战局，以期瓜分这个万亿级别的新兴市场。

作为中国金融科技的标杆企业，阿里巴巴旗下的蚂蚁金服市场估值已经高达 750 亿美元，已经超过了美国大名鼎鼎的金融巨头高盛集团。蚂蚁金服最有价值的资产是支付工具支付宝，该部分资产估值高达 500 亿美元。此外，蚂蚁金服的小额贷款业务，估值约为 80 亿美元，其他财富管理业务估值为 70 亿美元。蚂蚁金服在互联网金融方面真正大显身手的事件是 2013 年 6 月联合天弘基金推出的余额宝业务，仅用半年时间，余额宝货币基金规模已突破 2500 亿元，客户数超过 4900 万户，一举超越盘踞基金排名首位 7 年之久的华夏基金，成为新的行业第一。同样的基金规模，华夏基金公司用了 15 年，而支付宝仅用了 6 个月，这是互联网科技对传统金融企业的碾压。实际上，余额宝并没有做太多技术创新，只是在互联网支付平台上嵌入货币基金的直销功能，兼顾收益和流动性的产品设计，拥抱互联网上的海量用户，顺应了利率市场化的趋势，迎合了长期压抑的客户理财需求，从而创造了基金销售奇迹。

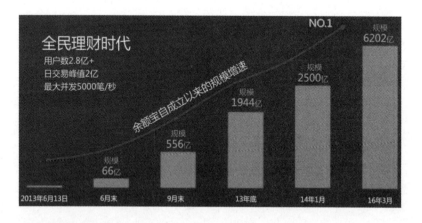

余额宝理财资金规模增长惊人

尽管蚂蚁金服已经是国内遥遥领先的金融科技巨头，但是其目标依然是走普惠金融路线，这与大部分的商业银行仅盯着高净值客户的需求有本质上的区别。阿里巴巴集团董事局主席马云在出席2016年"消费大金融的未来"论坛时表示，互联网金融要走普惠金融路线，不然"木秀于林，风必摧之"。蚂蚁金服的核心思想是把数据风控、获得数据、处理数据等能力，特别是信用能力，必须进行普惠。依托阿里巴巴集团各子公司的大数据及用户资源，蚂蚁金服已经打通供应链金融、个人消费金融等环节，并且还发起设立网商银行，能够为小微企业及部分个人用户提供贷款、理财、转账等金融服务，这是中国推广普惠金融的典型案例。

　　世界500强中金融企业占了近20%，足以说明金融服务业在全球经济发展中有着举足轻重的位置。在智能化浪潮下，金融科技不仅仅打开了资产端的枷锁，还为资金端架起了与资产端连接的桥梁，让每个人有机会享受到资金增值的普惠金融服务。随着中国人均GDP超过8000美元，居民财富的增长也释放出巨大的理财市场需求，而互联网金融的发展让金融服务不再是富人的专利，普惠金融让普通人也能分享经济增长带来的财富增值。人人共享经济发展的成果，实际上也是共享科技发展成果，表面上看是全球贸易推动了财富增长，实际上是科技进步提高了社会生产率带来的社会财富增长，而这中间离不开金融资本的推动。如果把科技比作支点，那么金融就是杠杆，两者的结合可以撬动全球经济，最终改变整个世界。

第十三章
共享经济重构未来商业模式

共享经济会是下一个风口吗

近几年来全球有众多独角兽创业公司都与共享经济有关，比如目前全球市值排名前十的超百亿美元独角兽公司中，Uber、滴滴出行、Airbnb、Wework 都是典型的共享经济初创企业，它们大都出现于2010 年前后，成长速度惊人。可见，共享经济有着巨大的爆发力，它是对传统经济在资源利用效率上进行的一场革命，这个领域未来出现独角兽的可能性很大，资本也牢牢盯着这一个风口。

过去我们经历的是一个物权时代，每个人都尽最大的努力想获得一套属于自己的房子、一辆自己的汽车、一条自己养的狗……人们不断膨胀的占有欲一直支撑着传统经济的有序运行。然而，随着新技术的不断涌现及社交网络的兴起，共享经济通过技术手段实现了所有权与使用权的分离，让大量闲置资源得到充分利用，这种全新的经济理念正在颠覆传统的商业模式。

比如全球最大的租车公司 Uber 没有一辆自己的出租车；全球最大的住宿服务提供商 Airbnb 没有一套自己的房产；全球市值最高的零售商阿里巴巴没有一件商品库存。实际上，市场上本身存在大量的闲置资源，由于新技术的介入让资源的所有者与需求者建立起高效率的连接，让资源得到最大化利用。大家无需拥有每一件物品，只需要承担很低的成本就能获得它的使用权。

目前全球共享经济的两大重点领域，一个是汽车，另外一个是住房。这两者都是集中在个人消费支出的大头，因而共享经济推动的所有权与使用权分离更有利于降低人们购买汽车及房产的消费支出压力。共享经济带来的好处也是显而易见的，汽车共享方便人们出行的同时，也降低了城市交通拥堵与环境污染；房屋共享让旅行的人以更低成本获得喜欢的居住环境，也让空置房屋得到有效利用从而提升闲置资源利用效率。

共享交通让出行更便捷

交通领域的共享经济已经对个人出行以及未来汽车产业产生深远

影响，这将导致新的交通出行商业模式的形成，私人交通工具从所有权向使用权迁移，共享出行会成为一种新的商业模式，并且会越来越流行。汽车与自行车的共享使用、门到门交通整合解决方案、复合运输以及基于智能手机的城市出行解决方案将人类带进一个全新的智能化出行时代。

汽车共享模式诞生的时间已经比较久，早在 20 世纪 90 年代汽车共享的概念开始在海外萌芽，并随着信息技术进步不断优化其商业模式。如今，在汽车共享上，加拿大有 Communauto，德国有 Car2go，法国巴黎有 Autolib，美国有 Zipcar 与 Uber，中国有滴滴约车与易到用车等，类似的汽车共享模式已在全世界蔓延开。汽车共享是一种基于移动互联网的出行自助服务，采取随需随叫、即用即付的模式，允许用户按小时租借汽车，预约和租车手续简单。目前这种基于共享模式的出行服务已经开始腾飞，此类汽车共享俱乐部的会员规模已从 2010 年的 130 万发展到 2013 年的 330 万，而弗若斯特沙利文咨询公司（Frost & Sullivan）预测未来会员规模还会呈现指数级增长，到 2020 年时其规模将达到 2600 万人。就中国市场而言，知名咨询公司罗兰贝格预测，未来五年内，中国市场汽车共享的年增长率甚至会达到 80%。因为中国大城市的交通状况更加拥堵，且持有驾照人数比民用车辆数量多出了 1.4 亿，而汽车共享在中国的需求量理论上来说会比许多国家更高。

Zipcar 是全球最大的汽车共享俱乐部之一，2000 年成立于美国马萨诸塞州，截至 2013 年 7 月，Zipcar 有 81 万会员，在美国、加拿大、英国等国有超过 10000 辆汽车。Zipcar 的汽车停放在居民集中地区，会员可以通过网站、电话和手机 App 软件搜寻需要的车辆，选择就近预约取车和还车，车辆的开启和锁停完全通过一张会员卡完成，价格大约为每小时 10 美元。Zipcar 向用户收取一次性申请费、年费及每次使用的费用。2007 年秋，Zipcar 和 Flexcar 合并，并且公司于 2011 年在纳斯达克上市成功募集 1.743 亿美元，估值高达 11 亿美元；2013 年 3 月，Zipcar 被 Avis 公司以 5 亿美元的现金收购后退市。调查数据显示，普通私家车的利用率只有 5%，Zipcar 的利用率可以达到 60%，超过 40% 的 Zipcar 会员已经放弃了拥有私人汽车，并且汽车共享俱乐部每增添 1 辆车，道路上的汽车就会减少 7~9 辆，这可以为人们节省一大笔汽车购置费用，也有助于缓解繁忙城市的交通拥堵问题。

Uber 是一家 2009 年成立于美国硅谷的创新科技企业，是全球网络约车软件的鼻祖。Uber 目前已在全球 60 多个国家和地区的 400 多个城市开展业务，每天都有上千万的用户选择 Uber 出行。Uber 提供透明的计价方式，通过大数据智能分析技术，让用户通过智能手机快速预约到出行车辆（含私家车和出租车），开创了典型的"互联网 + 交通"出行解决方案。随着全球业务的快速扩张，Uber 在 2015 年订单的总流水达到了 108.4 亿美元，总营收接近 20 亿美金。不过，2015 年上半年 Uber 亏损达到了 9.872 亿美元，2014 年国际业务的亏损额达到 2.37 亿美元。连续多年亏损并没有影响到资本市场对其的追捧，Uber 成立至今已经完成了多笔融资，投资方主要包括高盛、KPCB、富达亚洲、百度、沙特主权财富基金、贝佐斯等知名机构及投资人，2016 年 Uber 全球估值约 680 亿美元，成为全球估值最高的未上市科技创业公司。2016 年 8 月，Uber 将中国业务与滴滴出行合并，合并后的公司估值约 350 亿美元，Uber 将取得合并后公司 20% 的股权，滴滴则将投资 10 亿美元在 Uber。双方达成战略协议后，滴滴出行和 Uber 全球将相互持股，成为对方的少数股权股东。

滴滴出行是中国用户使用最多的汽车共享服务，滴滴出行由"滴滴打车"与"快的打车"合并而来，涵盖出租车、专车、快车、顺风车、代驾及大巴等多项汽车共享业务，平台拥有超过 1500 万司机和 3 亿注册用户。2015 年滴滴出行全平台订单总量达到 14.3 亿，相当于每个中国人用滴滴约过一次车，累计行驶时间 4.9 亿小时，累计行驶里程 128 亿公里，相当于环绕中国 29 万圈。滴滴出行目前每天实现 300 万出租车订单，超过 300 万的专车订单，峰值 223 万的顺风车订单，业务覆盖中国 360 个城市。2016 年 8 月滴滴出行宣布与 Uber 全球达成战略协议，滴滴出行以 10 亿美元收购 Uber 中国的品牌、业务、数据等全部资产，收购完成后滴滴出行估值 350 亿美元。

为了迎接私人汽车共享时代的到来，很多汽车巨头已经展开业务布局。德国奔驰 2009 年推出了的私人公共交通项目"car2go"，目前已成为全球最大的汽车共享品牌，目前在全球 31 个城市运营 14000 多台 car2go 奔驰 smart fortwo 车辆，注册会员数量已超过 110 万。迄今为止， car2go 在全球提供的交通出行服务共计 5000 多万人次，平均每 1.4 秒就会有一辆 car2go 被使用。与传统租车业不同的是，car2go 只需手机 App 就能实现汽车搜寻与租赁，通过智能手机开锁后即可驾驶，使用完后只需将车停放在运营区域内任意停车场或专用停车位，无需停回原地点。2016 年 4 月 car2go 在亚洲市场的首个试点城市重庆投放首批 400 辆 smart fortwo，租赁价格为 1.19 元 / 公里的里程费加上 0.59 元 / 分钟的时长费。

奔驰 car2go 分时租赁汽车

美国 Zipcar 及 Uber、德国 car2go 和中国滴滴出行等科技公司的汽车共享模式开始改变消费者用车行为，私人汽车从过去的"所有权"向"使用权"过渡。宝马、奔驰、大众等汽车巨头已经开始进入汽车共享领域，Uber 亦与卡耐基梅隆大学共同研发无人驾驶车。随着汽车产业向智能化和网络化演进，未来无人驾驶的共享汽车很可能成为人们出行的主要方式。

共享交通除了在私人汽车、出租车方面得到快速普及，在巴士及自行车的共享使用上也出现快速发展的趋势。长期以来全国超过 1 亿白领每天在上下班出行交通工具选择上基本就只有公交地铁、出租车、私家车这三种方式，一方面是公共交通拥挤的人群，另一方面是私家车出行高昂的成本，很难找到一种性价比更高，更为经济舒适的出行方式。然而，定制巴士模式的出现，通过共享的方式，用户可以用较低的成本就能享受到体验更好的出行服务。2015 年成立于深圳的嗒嗒巴士主要服务于白领的上下班通勤，一人一座，专巴直达，地铁票价，专车服务。在短短一年多的时间内，嗒嗒巴士覆盖了北上广深等 30

个城市，开拓出 3500 多条线路，拥有 400 万用户，平均上座率超过
75%，平均线路里程为 15 公里，在业内处于领先的地位。

相对于长距离的快速出行有网络约车及定制巴士等方式可以选择，
5 公里内的短途出行自行车可能是一种不错的出行方式。与以往公共自行
车系统由政府主导、企业参与项目招标的运作模式不同，由前 Uber 上海
总经理王晓峰创立的摩拜单车 (Mobike) 作为国内首个尝试不设固定停车
桩和站点的共享单车服务企业，致力于通过移动互联网实现自行车的低
成本共享使用。摩拜单车采用防爆车胎，两万公里的骑行下只会磨损，
无需给内胎充气，由于使用轴承取代传统的链条，不会在骑行中出现"掉
链子"等情况。此外，车锁里面结合了芯片、电路板、互联网协议、GPS
和 SM 卡等，可以很容易确定车辆位置，既方便用户查找也降低被盗风险。

摩拜互联网共享单车

租用一辆摩拜单车，无需费心费力去办卡、付费和去指定站点停
车还车，只需要安装摩拜单车官方 App 软件，通过注册流程就可以
非常便捷地租借到一辆单车，半小时租金仅 5 角。人们可以通过手机

App 查看附近的摩拜单车分布，并且找到离自己最近的单车，通过扫描车身二维码打开车锁，到达目的地以后停在政府规定的白线停车区域，然后手动关锁就会自动结算计费。作为不设固定停车桩和站点的新型共享单车，如何减少车子违规停放，保证车子的使用密度，避免共享成为乱象等，是当前摩拜单车要应对的新问题。但是这些问题不会影响共享自行车成为人们短途出行的一种便捷方式，目前以摩拜单车、ofo 单车、小鸣单车为代表的共享单车正逐步在全国大中城市普及起来，为人们出行带来便利。

共享房屋让居住更灵活

全球共享经济的两大重点领域，一个是汽车，一个是住房。汽车共享方便人们出行的同时，也降低了城市交通拥堵与环境污染。房屋共享让旅行的人以更低成本获得喜欢的居住环境，也让空置房屋得到有效利用，提升闲置资源利用效率。汽车共享领域的全球巨头是 Uber，而房屋领域开启共享时代的巨头企业，是同样来自美国硅谷的 Airbnb。

Airbnb 成立于 2008 年 8 月，总部设在美国加州旧金山，是全球短租行业的鼻祖。Airbnb 是一个旅行房屋租赁社区，用户可通过网络或手机 App 软件发布、搜索度假房屋租赁信息并完成在线预定程序。Airbnb 用户遍布 190 个国家近 34000 个城市，超过 200 多万个房源（全球最大的酒店集团洲际酒店房源 68.7 万间），平均每晚有 40 万人住在 Airbnb 提供的房间里，2016 年还成为里约奥运会的房源提供商。

Airbnb 不仅向租客收取 6%~12% 的服务费用，还会收取房东 3% 的附加费用，2014 年 Airbnb 总订单量约 40 亿美元，收入约 4.23 亿美元，预计 2015 年营收达到 9 亿美元，但是依然处于亏损状态。Airbnb 成立至今已经完成了多笔融资，投资方主要包括 TPG、T. Rowe Price、Dragoneer、Founders Fund、红杉资本和俄罗斯 DST、高瓴资本等知名投资机构，2016 年 8 月 Airbnb 拟筹款 8.5 亿美元，估值达 300 亿美元。Airbnb 被时代周刊称为"住房中的 eBay"。

　　Airbnb 的初期目标客户定位为只追求便宜价格的沙发客，后期逐步扩展到更多用户的短期房屋租赁上。Airbnb 不但为房东与租客搭建便捷的网络交易平台，还帮助房东拍照提升房屋的吸引力，并且推出身份认证机制，保证房东的财产安全以及房客的个人安全，提高交易的成功率和减低恶劣事件发生的概率。从全球范围看，Airbnb 在 2015 年已明确表示除了住宿产品，还会提供本地化旅游指南服务，即房东作为向导带着房客"一日游"，"一日游"分为各种主题类型。随后 Airbnb 又相继推出冲浪、徒步旅行、城市行走和购物游等多样

Airbnb 户外广告牌

化的旅游产品，Airbnb 还计划在一些城市推出租赁自行车的服务。

Airbnb 短租模式的大获成功带动了一批各国学习模仿者的兴起，尤其是社会文化及信任机制与美国差异较大的中国市场，Airbnb 在中国的业务进展十分缓慢，反而是一些后来的学习者因地制宜推出了本土化的短租业务获得了快速的市场增长，比如蚂蚁短租、小猪短租、途家网、游天下等互联网短租平台。艾瑞咨询统计数据显示，中国在线短租市场在 2012 年加速起步，市场规模为 1.4 亿元人民币，2015 年中国在线度假租赁市场交易额达到 42.6 亿元，2017 年预计整个中国在线度假租赁市场的交易规模将达到 103 亿元。

创办于 2011 年的蚂蚁短租是赶集网旗下本地生活化的一个独立短租住房平台，房源涵盖国内大中型城市，提供预订本地家庭式租房服务，租房以低于酒店价格为主要卖点。作为赶集网旗下的 O2O 试水项目，蚂蚁短租以住宿短租业务补充赶集网的租房市场。赶集网创始人杨浩涌曾表示蚂蚁短租是赶集网的第二个创业项目，初次融资就达 2000 万美元，2013 年 6 月蚂蚁短租获优点资本、蓝驰创投、红杉资本千万美元融资，并正式从赶集网分拆独立，翟光龙任 CEO。通过蚂蚁短租平台，用户可以查找并预订、租赁全国各地、不同类型、高性价比短租房，如商业核心区高品质公寓、高校周边民居或宿舍、海景楼房、花园别墅、林间小屋等。

尽管短租的业务在全球都发展很快，但是短租还不是房屋共享的全部，办公室共享模式最近几年也在快速崛起。WeWork 于 2010 年诞生于美国纽约，这种办公室短租或共享模式也被称为众创空间。WeWork 的商业模式其实并不复杂，就是先以较低价格租下整栋或整片办公区域，然后重新装修后再以工位或办公室方式分租给小型公司及创业者，收取租金并赚取差价及相关服务费。与传统办公室模式不同，WeWork 模式鼓励租客在开放空间下进行互动交流，最大程度地共享公共空间及公共服务，比如无线网络、打印复印、咖啡厅、会议室、健身房等。WeWork 在全球的 23 座城市拥有 80 个共享办公场所，分布在美国的纽约、波士顿、费城、华盛顿特区、洛杉矶、波特兰和西雅图等城市，以及英国伦敦、荷兰阿姆斯特丹、以色列特拉维夫等。WeWork 目前有 5 万家客户，既有初创企业，也包括大型企业如制药公司默克集团和美国运通等。此外，个人也可以申请办公区域，起步价为 45 美元，获得一张办公桌一天的使用权。WeWork 甚至开始尝试向初创公司推出结合办公空间和生活住宿的打包式合租服务。2016 年 3 月，WeWork 从联想控股和弘毅资本等投资机构中获得 4.3 亿美元新一轮融资，本轮融资的估值达到了 160 亿美元。在一年前的上一轮融资中，WeWork 以 100 亿美元的估值成为纽约市最具价值的创业公司，在全球范围内也已成为估值排名第 11 的创业公司。

近年来国内也有类似 Wework 模式的项目落地，比如万科前副总裁毛大庆创办的"优客工场"、A 轮获得 2 亿元融资的上海众创空间"方糖小镇"等创业项目，这些项目总体上是借鉴 Wework 模式通过共享办公空间及资源最大程度地降低创业者办公成本，尤其是其中的房租成本。2015 年 4 月成立的方糖小镇，天使轮获得 3000 万元融资，2016 年 9 月获得近 2 亿元 A 轮融资，成为国内联合办公领域第 2 家估值超过 10 亿元的公司，另一家则是毛大庆创办的优客工场。方糖小镇目前已经在全国拥有 18 个社区办公空间，1 万多个工位，其中在上海有 16 个，是上海最大的联合办公运营商。《2016 中国创新创业报告》

统计显示，截至 2015 年年底，中国已拥有科技企业孵化器 2530 家，全国上报众创空间名单 2345 家，共 4875 家，成为全球孵化器数量最多的国家。随着"大众创业、万众创新"热潮的持续发展，预期国内众创空间数量还将继续增长，为创业者提供更舒适的办公环境。

共享教育让知识获取更公平

全球快速兴起的"共享经济"已经在交通出行、房屋出租等领域取得巨大成功，大幅提升了资源利用效率及人们的生活质量。众所周知，教育资源的不均衡在全球各国广泛存在，随着互联网技术对教育产业带来的影响不断深入，共享经济有望让教育资源分配更公平，也让闲置的教育资源得到重复利用，该模式的流行可能对传统教育发展带来深远影响。共享经济的核心理念在于通过互联网技术解决信息的不对称，降低了信息传递成本，将闲置资源最大化利用，让其创造价值，那么个人知识和经验的共享就有了一种新的变现渠道。

在共享经济及风险资本的推波助澜之下，各创业团队如雨后春笋般涌现，五花八门的在线教育类产品及服务层出不穷，比如题库共享、教师共享、视频课程共享、场地共享、学习经验共享等各种在线教育模式都有创业团队尝试。将共享经济应用于在线教育，一定程度上可以解决教育资源在时间和空间上的不均衡，这算是在线教育商业模式的重大创新。

大型开放式网络课程，即 MOOC（也称慕课），最初由众多美国顶尖大学与知名课程提供商合作设立的网络学习平台，在网上提供免费课程，让全球更多学生通过网络获得学习名校课程的机会。世界上比较知名的 MOOC 有两类：一类是以 Coursera、Udacity 和 EdX 等公司为代表的以名校为背景的 MOOC 平台；另一类是以 Udemy、Lynda 等公司为代表的，任何人都可以成为讲师，只要有经验、有热情，又想开课，那么都可以通过这些平台来达成愿望。MOOC 成功实现了一种高端的知识分享，可适用于专家培训，各学科间的交流学习以及特别教育的学习模式，让每个人都能通过网络免费获取来自名牌大学的资源，可以在任何地方、用任何设备进行学习。2013 年 10 月清华大学正式推出"学堂在线"平台，面向全球提供在线课程。2014 年 4 月"学堂在线"与 edX 签约，引进哈佛、MIT、加州伯克利、斯坦福等世界一流大学的优秀 MOOC 课程。清华大学前任校长陈吉宁给予 MOOC 模式高度评价，他认为："在线教育提供了一种全新的知识传播模式和学习方式，将引发全球高等教育的一场重大变革。这场重大变革，与以往的网络教学有着本质区别，不单是教育技术的革新，更会带来教育观念、教育体制、教学方式、人才培养过程等方面的深刻变化。"

成立于 2012 年的 Coursera 是全球最大的 MOOC 提供者之一，由美国斯坦福大学两名计算机科学教授创办。从 2012 年创立至今，Coursera 总融资额为 1.4 亿美元，2015 年获得 C 轮融资 6110 万美元。Coursera 旨在与世界顶尖大学合作，在线提供免费的网络公开课程，首批合作院校包括斯坦福大学、密歇根大学、普林斯顿大学、宾夕法尼亚大学等美国名校。Coursera 目前已经有 117 所大学提供的 1100 门课程，全球有超过 1500 万注册用户，75% 用户分布在美国以外，其中中国、印度和拉美是其重点海外市场。Coursera 仅中国大陆就拥有 100 万注册用户，成为仅次于美国的全球第二大市场。Coursera 还与世界顶尖大学，例如斯坦福大学、密歇根大学、普林斯顿大学、宾夕法尼亚大学等都建立了深度合作关系，可以为学习者颁发认证证书。Coursera 华人工程师董飞表示："大约30% 的学者愿意付费购买证书，70% 的认证用户则将这些证书发布到 LinkedIn 上，这为大家带来了双赢价值。"

共享经济不仅仅体现在在线教育方面，在知识的共享上也发挥了重大作用。基于共享经济的原理，可以把各行各业专家的认知盈余拿出来共享给所有人，而需求者则可根据自身实际情况选择知识源并且为分享人适当支付费用，于是一些知识共享平台应运而生。其中，果壳网先后孵化的两个知识共享平台"在行"和"分答"，则是中国知识共享经济领域的代表。在行就像一个交易知识、经验、技能的个体聚集起来的淘宝，行家可以将个人的认知盈余通过互联网实现知识共享，学员通过约见行家获得高质量的个性化知识服务。行家们借助平台提升个人品牌的同时，还能获得精神满足和物质利益双丰收。学员可以从诸多选择中精选出自己想要的知识源，获得他人分享的知识。分答则是 2016 年 5 月推出仅 40 余天就爆红社交网络的语音知识产品，一个多月时间就有 1000 万用户体验了产品，积累了 33 万的答主，生产了 50 万条问答内容，付费用户 100 万，交易金额超过 1800 万，复购率为 43%。得益于知识共享经济市场的快速增长，"在行 & 分答"2016 年 6 月获得元璟资本与红杉资本中国基金 2500 万美元 A 轮投资，王思聪的普思资本与罗辑思维也参与跟投，在行 & 分答估值超过 1 亿美金。

共享网络让上网服务无处不在

国际电信联盟发布的《宽带状况报告》数据显示，2015 年全世界已有 32 亿人可以联网，相当于全球总人口的 43%。虽然世界最富裕国家的互联网接入已接近饱和，但世界上仍有超过一半的人（约 40 亿）无法上网，在联合国认定的 48 个最不发达国家中，90% 以上的人没有任何形式的网络服务。这些人无法从互联网创造的巨大经济和社会效益中获益，发达国家与欠发达国家之间的数字鸿沟进一步拉大。联合国相关研究表明，宽带网络的部署是当前全球经济增长和持续复苏的最重要的驱动力之一，也是未来数十年中最关键的经济驱动力。有线宽带网络及无线移动网络是享受互联网服务及开展互联网应用的基础，就像高速公路一样的基础设施，因此发展高速、低成本的网络接入服务将让更多人从互联网获益。

Google 是热衷于打造面向全球人口的上网服务的科技巨头，从 2010 年开始尝试通过各种方式建立新的网络接入服务，比如建设 Google 光纤、热气球无线网络、无人机无线网络、Google 免费 WiFi 等，并且还收购一些公司来协助这些项目的开展，计划构建一个真正意义上的全球互联网，通过网络改善人们的生活。

Project Loon 是由 Google X 实验室负责的一个实验性计划，目的是希望通过将架设在离地 20 公里的热气球改造成为网络热点，以极低的部署成本为全球无法接入网络的人们提供互联网服务，帮助填补没有网络覆盖的地区，或是帮助受灾断网地区恢复网络。Project

Loon 的气球采用聚乙烯塑料制成，并配备降落伞的装置保证设备的成功回收。气球可以在平流层飞行约 200 天，每个气球可以提供直径 40 公里的 4G 无线通信服务，地面人员只需在屋顶安装一个无线收发天线即可真正接入全球互联网。Google X 利用了 18 个月时间研究，终于 2013 年 6 月在新西兰进行实验，试飞了 30 个气球，成功测试获得比 3G 网络更快的上网速度。根据谷歌的计划，接下来将与运营商合作伙伴沃达丰、西班牙电信和澳大利亚 Telstra 进行大规模的测试。2016 年 02 月，谷歌和南亚国家斯里兰卡签署协议，计划将用 Project Loon 高空气球，给斯里兰卡全国提供上网服务，斯里兰卡也成为谷歌上网气球在全球第一个商用的国家。覆盖整个斯里兰卡的上网气球网络，需要地面多少移动基站提供支持还不得而知，2017 年 3 月即完全开通上网服务。在之前的实验中，只需要地面上的八个移动基站，谷歌气球就可以实现对整个西部非洲的互联网覆盖，如果斯里兰卡的项目获得成功，相信不用太久谷歌气球将为更多国家提供成本低廉的无线上网服务，这将是全球约 40 亿无法上网人口的福音。

谷歌热气球项目 Project Loon

由于高空热气球的体积更大且控制困难，太阳能无人机相对来说更稳定、更灵活，续航时间更长，并且能够提供更好的网络连接，Google 也在尝试用太阳能无人机来开展空中无线网络传输服务，并且项目名称定为"Project Titan"。Google 于 2014 年 4 月收购了太阳能无人机生产商 Titan Aerospace，该公司研发的新型 Titan 无人机由太阳能驱动，可在高空连续飞行长达 5 年，借助特殊设备，其高空无人机最高可提供高达 1Gbps 的网络接入，对于特殊条件下需要紧急网络接入具有重要意义，比如帮助灾区恢复网络。

Google Fiber 是 Google 公司一项试点光纤通信并建造高速互联网基础设施的一项实验性项目，从 2012 年开始在美国的几个城市地区提供 1Gbps 的高速光纤上网服务，比美国民众一般使用的速度快约100 倍，资费却比运营商同级别服务价格低廉很多。截至 2016 年 5 月，开通 Google Fiber 的美国城市数量达到 9 个，还有 13 个城市纳入开通计划，有些城市已经在进行相关基础设施建设。

Project Fi 是 Google 作为虚拟网络运营商提供的一项通信服务，它提供了除国际通话之外的无限制通话和信息。Google 与美国运营商 Sprint、T-Mobile 和一些 WiFi 提供商合作，通过检测周围网络的强度，使手机无缝地切换到信号最好的网络，未来计划扩张至包括中国在内的120 多个国家的漫游网络支持。2016 年 8 月，Google 宣布为 Nexus 手机用户推出一个新的节约数据流量功能，名为"WiFi 助手"，它能够让用户的设备自动连接到周围数以百万计的开放免费 WiFi 热点，在节约数据使用的同时，优化移动数据传输速度，美国、加拿大、墨西哥、英国和北欧国家的 Nexus 用户可以在系统的"设置"中直接连接 WiFi。

实际上，致力于提供共享上网服务的科技巨头远不止 Google 一家，社交巨头 Facebook 于 2013 年就牵头成立了意在推动全球网络接入的组织 Internet.org，参与该项目的还有爱立信、联发科、诺基亚、Opera、高通和三星等科技企业。Facebook 曾经宣布计划利用 1000 多架太阳能无人机，用激光从 2 万米的高空发送高速数据供全球最偏远地区的用户上网。作为 Internet.org 项目的一部分，Facebook 免费互联网服务 Free Basics 已经让全球 2500 多万人接入互联网，并且计划未来不久将会发射首颗互联网卫星，为非洲居民提供免费的上网服务。硅谷知名企业家马斯克创办的太空探索公司 SpaceX 于 2016 年秋季向美国联邦通讯委员会 (FCC) 提交了一份申请，计划要发射 4425 颗通信卫星，为全球提供高速互联网服务。首批 800 颗卫星上天后，SpaceX 就能提供覆盖全美和全球的宽带服务。一旦经过最终部署的彻底优化，这个系统就能为全美和全球消费者和商业用户提供最高每用户 1Gbps 的带宽及低延时的宽带服务。

中国的知名流量共享软件"WiFi 万能钥匙"是与 Google 免费 WiFi 项目十分接近的产品，只不过后者是采购合作运营商的网络流量分发给用户使用，而前者则是主要鼓励商户与用户分享自己闲置的 WiFi 网络，包括酒店、商场、餐厅等场所，让需要上网的人获得免费 WiFi 服务。公开数据显示，WiFi 万能钥匙在全球范围内已经拥有 9 亿用户，月活跃用户达到 5.2 亿，而在海外市场已经覆盖了 223 个国家和地区，拥有 8000 万用户，日活跃用户超过 2000 万。在智能手机及平板电脑等移动上网设备广泛普及的今天，人们对廉价、高速的上网服务需求是非常欢迎的，免费 WiFi 的市场需求还远未得到满足。

第十四章
石墨烯掀起能源革命

石墨烯开启新材料时代

　　新材料技术永远都是科技行业发展突飞猛进的重要推动力，晶体硅的出现就曾让电子科技行业繁荣了数十年。而目前石墨烯是公认的具有与晶体硅同等价值的新材料，也是已知的世上最薄、最坚韧的纳米材料，石墨烯技术的飞速发展将有望缔造下一个科技新时代。

　　石墨烯是一种由碳原子组成的六角型呈蜂巢晶格的平面薄膜，只有一个碳原子厚度的二维材料（单层石墨烯的厚度仅为 0.334 纳米），是目前世界上已知最薄、最坚硬的纳米材料，纳米级别的石墨烯具有出色的光、电、磁、热、力学等特性。2004年英国曼彻斯特大学物理学家安德烈·海姆和康斯坦丁·诺沃肖洛夫，在实验过程中成功从石墨中分离出石墨烯，两人也因此共同获得2010年诺贝尔物理学奖。在此之前，石墨烯一直被认为是假设性的结构，无法单独稳定存在。被誉为"21世纪的神奇材料""万能材料"的石墨烯自2004年首次从石墨中分离出来，到今天成为全球科技界的"新宠"也只有短短十几年的时间，它的出现有可能引起新一轮材料革命。

石墨烯纳米材料本身的天然特性决定了，其可在复合材料、触摸屏、电子器件、储能电池、显示器、传感器、半导体、航天、军工、生物医药等多个领域具有广阔的应用前景。随着技术的成熟度越来越高以及资本市场、政府政策的大力推动，预计不用很久石墨烯将可能掀起电子科技领域的下一场革命。

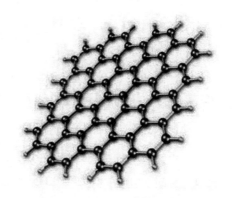

石墨烯结构示意图

正因为石墨烯在新能源、新材料、电子科技、航天军工等领域有着非常大的潜在应用价值，近年来受到学界、政府、资本的重视与追捧。目前全球已有80多个国家投入石墨烯材料的研发，美、英、中、韩、日、欧等国家地区都紧急将石墨烯研究提升到一个未来技术创新竞争的战略高度，IBM、英特尔、华为、陶氏化学、通用等科技巨头均涉足石墨烯相关研究开发。2013年欧盟将石墨烯和人脑工程两大科技入选"未来新兴旗舰技术项目"，每项计划将在未来10年内分别获得10亿欧元的研究经费。

中国石墨烯产业技术创新联盟发布的《2016全球石墨烯产业研究报告》显示，石墨烯产业发展目前还处于初级阶段，预计到2020年，石墨烯产业化规模将取得突破，全球石墨烯将形成完整产业链，且市场规模将达1000亿元。其中，新能源市场规模将突破534亿元，复合材料市场规模将突破372亿元，电子信息行业市场规模将突破267亿元。

石墨烯时代将颠覆硅时代

如果说20世纪初发明的电子管是近百年电子工业发展的起点，那么毫无疑问20世纪中期美国贝尔实验室发明的晶体管则是半个世纪以来电子工业得以蓬勃发展的助推器。相比电子管的笨重、能耗大、寿命短、噪声大、制造工艺复杂，以晶体硅半导体为原材料的晶体管克服了这些缺陷，它的问世被誉为20世纪最伟大的发明之一，也是微电子革命的先驱。

正是电子晶体管的出现才让微型集成电路技术出现爆炸性增长，数十年来，微电子技术不仅在计算机、手机、消费电子产品中得到了广泛应用，而且在汽车、工业控制、航空航天、医疗设备等无数专业电子设备中得到广泛使用，通过让机器设备微型化、自动化、计算机化，将从根本上改变人类的生活。

正因为微电子技术发展突飞猛进，才有了著名的摩尔定律。根据摩尔定律的预测，集成电路芯片上所集成的电路数目，每隔18个月就翻一倍，而价格会下降一半。纵观近几十年来，无论是计算机硬件还是智能手机等一系列消费电子产品，性能都在飞速提升而价格则急剧下降，技术变革的速度往往超出人们的想象。

集成电路芯片

目前电子设备常见的集成电路晶体管普遍采用硅材料制造，但是芯片性能的提升会受到硅材料尺寸的限制，当硅芯片制造工艺接近硅晶体的理论极限数字7纳米，制造出的晶体管的稳定性将明显下降而且成本也直线上升。尽管美国劳伦斯伯克利国家实验室利用纳米碳管和二硫化钼（MoS2）试验制作出1纳米晶体管，未来有望将现有最精尖的晶体管制程从14纳米缩减到1纳米，但是离大规模量产十分遥远，可以说传统硅晶体芯片目前有走到时代尽头的危险。石墨烯由于具有比晶体硅有更好的导电性及导热性，效率可比硅高 100 倍，因此也被认为是最有可能替代硅材料而成为未来微型集成电路的新型材料。

在现有材料和技术条件下，产生 5GHz 以上频率的芯片难度都相当高，目前 PC 处理器的主频基本在 3~4GHz，而移动处理器最高也大约 3GHz 的水平，但是利用石墨烯出色的导电、导热特性制造出的新型芯片运行频率可达 100GHz 甚至 1000GHz。目前 IBM 已经成功研制出 155GHz 的石墨烯晶体管，未来有望取代目前的硅晶体芯片广泛应用到各种微型电子设备上。对于石墨烯芯片的应用前景，华为公司创始人任正非认为："未来 10~20 年内会爆发一场技术革命，这个时代将来最大的颠覆将是石墨烯时代取代硅时代！"正是对石墨烯技术的高度认可，2015 年 10 月华为公司正式宣布与英国曼彻斯特大学合作通过研究石墨烯的技术应用，共同开发计算机通信领域的下一代高性能技术。计划用 2 年时间，研究如何将石墨烯领域的突破性成果应用于消费电子产品和移动通信设备。

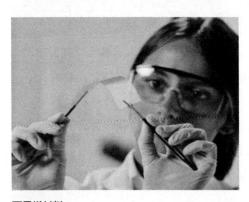

石墨烯材料

此外，石墨烯的导电性也可应用于新型显示材料上。石墨烯具有极高的透光率，单层石墨烯透光率为 97.7%，而玻璃的透光率一般在

智能化浪潮：
正在爆发的第四次工业革命

80%左右。石墨烯材料几乎完全透明，导电性能卓越，而且碳原子的连接十分柔韧，可应用于 OLED 面板、柔性 LCD 面板、柔性电容触摸屏等提升显示性能。石墨烯制成的屏幕本身就是一种导体，因而不需要额外设置电路。它可弯曲，不仅可以卷起来，还可以覆盖在那些并不平坦的表面上。在柔性屏领域，苹果与三星的竞争已经到了白热化状态，不过两者在柔性显示屏的技术路径上有所不同。苹果的柔性屏可以通过设置在屏幕下方的驱动器创建隆起和凹陷，而三星的柔性屏幕则可以完成卷曲和折叠。苹果官方已经申请一项关于柔性显示屏的专利技术，该技术方案可以使显示屏通过变形提供触觉反馈，同时支持按压和触控两种模式，也许未来的 Apple Watch 最有可能采用这种支持力回馈的显示屏幕。石墨烯作为世界上最薄、机械强度最高的纳米材料，具有高透光性和高导电性，将其用于手机屏幕将使未来的手机更薄，视觉效果更好，甚至具备透明屏幕的酷炫效果，可以预见苹果、三星这样的消费电子巨头也将很快研究石墨烯显示屏的可行性，从而让其电子产品继续保持全球领先的市场竞争力。

石墨烯掀起新能源革命

随着目前智能手机芯片更快、屏幕更大、功能更多，手机耗电量也在飞速增长，而受于体积及重量、外观设计的限制，手机电池技术的瓶颈越来越明显，而石墨烯电池的应用将有望让智能手机、可穿戴设备及电动汽车等一系列前沿高科技产品的体积及性能、成本及续航能力等有重大突破。作为一种拥有强大灵活性的纳米材料，石墨烯具有极高的比表面积，因此化学反应速度和材料利用率更高，同时由于导电和导热性比较好，石墨烯更有利于锂离子的扩散传输。石墨烯可作为新型的锂电池负极材料，基于石墨烯材料的新能源电池功率密度比锂电池高 100 倍，能量储存密度比传统超级电容高 30 倍，是目前高性能电池升级的一个重要方向。

目前全球新能源汽车的大规模推广对锂电池的性能提出了更高的要求，包括其导电性、续航能力和循环寿命等，也对降低锂电池的成本有紧迫感。就目前新能源汽车产业而言，电池成本居高不下成为行业发展最大瓶颈，一辆电动汽车的电池成本占到整车成本的 30% 以上，电池成本过高，电动汽车的售价也很难平民化。不过，石墨烯材料的应用将有望对传统锂电池的性能及成本产生重要影响。西班牙 Graphenano 公司宣布和西班牙科尔瓦多大学合作研发成功石墨烯"超级电池"，其能量密度超过 600 瓦·时 / 千克，是目前动力锂电池的 5 倍，电池重量只是锂离子电池的一半，使用寿命是目前锂电池 2 倍，是传统氢化电池的 4 倍。用此电池提供电力的电动车最多能行驶 1000 公里，而其充电时间不到 8 分钟。此种石墨烯电池具有各种优良的性能，但其成本并不会比普通锂电池高，预计大约比普通锂电池低 77%，完全在消费者承受范围之内。

为了控制电动车能量存储的成本效率，目前特斯拉车载电池组由 6831 节松下 18650 型锂离子电池组成，通过世界上顶级的电池管理系统实现电池参数监测、电池状态估计、在线故障诊断、充电控制、自动均衡、热管理等功能，这是特斯拉电动车的核心技术。特斯拉自身并不生产电池,其电池由日本松下提供,正是凭借卓越的电池管理技术,一次次地在新能源汽车领域创造奇迹。尽管特斯拉已经成为全球电动汽车的领军企业,但是依然受到汽车动力电池续航能力差及成本过高的困扰,特斯拉 Model S 电动汽车一次充电仅能行驶 265 英里,电池成本占到整车成本的 30% 左右。

特斯拉 Model S 电动汽车

不过,特斯拉董事长马斯克曾经透露,特斯拉可能很快就会推出一次充电即可行驶 500 英里(约合 805 公里)的电动汽车,因为高性能石墨烯电池的研发取得了不错的进展,而这种电池的输出密度是锂离子电池的四倍。马斯克的一举一动都被视为电动车技术发展最新风向标,这种"跟风式"的研发正在日本、西班牙全面展开,有望引领下一次材料革命提前爆发。此外,为了能快速提高锂电池的产量,并且降低生产成本,特斯拉于 2014 年宣布计划投资 50 亿美元建设 Gigafactory 超级电池工厂。2018 年的目标是 35 吉瓦·时产量,相当于 50 万辆 Model 3 的电池需求量。至 2018 年,特斯拉的电池成本将下降逾 30%。

与纯电动和混合动力汽车一样，氢燃料电池汽车作为新能源领域里的一个分支，被称为新能源汽车的"终极环保"阶段。不过目前的氢燃料电池技术尚不成熟，稳定性差，成本偏高，但是凭借着续航里程长、加氢速度快、环保效率高等优点，成为资源贫乏的日本新能源汽车产业发展的重要方向。"质子传导薄膜"是燃料电池技术的核心部分，汽车中的燃料电池使用氧和氢作为燃料，转变输入的化学能量成为电流。现有的质子薄膜上常存在燃料泄漏，降低了电池有效性，但科学家发现质子可以较为容易地"穿越"石墨烯等二维材料，而其他物质则很难穿越，从而可以解决燃料渗透的问题。该项发现有望为燃料电池和氢相关技术领域带来革命性进步。如果采用石墨烯和氮化硼等单原子层二维材料作为"质子传导膜"，可使现代燃料电池更高效、更安全、更环保、更轻薄，从而有望大幅扩展燃料电池的使用范围，比如从新能源汽车到无人机、航空航天等领域都可采用。

硅谷"钢铁侠"的新能源梦想

在很多人眼中，马斯克是"继乔布斯之后最有可能改变世界的人"，被称为硅谷"钢铁侠"。他的身上有着众多酷炫的标签：PayPal 创始人、特斯拉及 SpaceX 公司 CEO、SolarCity 董事会主席、超级高铁 Hyperloop 负责人，这些公司及项目大部分都是通过利用信息技术去改变世界使用能源的方式，比如电动汽车和太阳能屋顶发电、电池工厂、超级高铁等，马斯克每进入一个新行业都具有颠覆原有产业模式的潜力。

除了不断发布新版本特斯拉电动汽车及巨资兴建大型电池生产工厂，马斯克还对太阳能发电抱有极大兴趣。2015年特斯拉推出了一款革命性的家用能源产品——电池能量墙(Powerwall)，这是能够与太阳能电池板整合成一套清洁、智能甚至独立的家庭能源系统，通过它可以在白天储存多余的太阳能发电量，在晚上供应家庭使用。该储能系统可储存用户住宅太阳能发电等再生能源所产生的电力，在非电力使用高峰时段储能，接着在电费较高的电力使用高峰时段供应所需电力，可让用户省下电费成本，且储能电池还能在电网异常的情况下，维持家用设备的正常运作，帮助用户摆脱对传统电网的依赖。

特斯拉 Powerwall 电池展示

Powerwall 不仅可以给特斯拉汽车供电，而且可以供给整个家庭用电，包括电视、空调、电灯等，通过"太阳能 + 电池"的办法来改变家庭使用能源的方式，特斯拉希望通过这样的方式改变全人类的用电方式，并以此掀起真正的能源革命以及可再生能源的普及。Powerwall 最初发布时分为两个版本：主打日常使用的 6.4 千瓦·时版的产品售价 3000 美元，而主打备用电池的 10 千瓦·时版售价则为 3500 美元。不过，10 千瓦·时版由于性价比太低很快就停售了，6.4 千瓦·时版产品仍然在售，并计划很快发布一款升级版的 Powerwall。而特斯拉投资 50 亿美元建设的超级锂电池工厂 Gigafactory 也将为 Powerwall 提供产能，并且可以大幅降低产品出厂成本，让产品市场售价进一步下降，从而扩大市场占有率。

仅仅是提供储能设备是远远不够的，还需要高效率的太阳能发电系统才能真正发挥储能设备的价值，从而形成一个发电与储能结合的循环系统。2016 年 8 月，特斯拉宣布以 26 亿美元股票的价格收购美国最大的屋顶太阳能面板提供商 SolarCity，计划打造一家垂直整合型公司，有着美国全国范围的零售网络，销售电动汽车、屋顶太阳能系统，以及用于家庭和充电站的挂墙式储能设备。这项收购实际上与特斯拉电动车息息相关，用户可以购买特斯拉的太阳能系统去发电，随后将电力保存在特斯拉的储能电池中，随后用电池给电动汽车充电。

成立于 2006 年的 SolarCity 公司可提供从系统设计、安装以及融资、施工监督等全面的太阳能工程服务，通过太阳能租赁计划来推广分布式太阳能发电系统，就是让房主在固定的月租费而无需缴付首付款的情况下租赁太阳能光伏系统，来降低房主的电力成本。SolarCity 研发了最高效的屋顶太阳能面板，能源利用率高达 22%，目前公司在美国加州、亚利桑那州和俄勒冈州的 500 个社区提供太阳能发电服务，成为美国市场份额最大的分布式太阳能服务商。SolarCity 创新的"太阳能租赁"商业模式在太阳能普及方面获得巨大成功，因为免费的电池系统和更便宜的电费吸引了大众的兴趣，清洁环保的发电方式有望给以化石燃料为基础的电力行业带来颠覆性影响。正是在商业上具备巨大发展潜力，Google 曾经两次大规模对 SolarCity 进行投资，2011 年投资 2.8 亿美元，2015 年又投资 3 亿美元。马斯克在 2015 年购买了价值 9000 万美元的 SolarCity 太阳能债券，2016 年直接以 26 亿美元价格将其全资收购。在大部分太阳能初创企业都发展艰难时，SolarCity 的规模几乎每年增长一倍，并且计划为 500 万个美国家庭建设太阳能屋顶。

无线充电让电动汽车摆脱束缚

为了解决城市环境污染问题及减少对化石能源的依赖，目前以电池为动力的新能源汽车正呈现爆炸性增长，但是充电站、充电桩等充电设施不完善成为目前各国新能源汽车产业发展的最大瓶颈。无线充电技术对手机、电脑、相机等便携电子产品而言，可能只是个锦上添花的新功能，但对电动汽车产业却有可能是启动整个市场的杀手级应用。电动汽车无线充电具有占用场地少、充电过程自动化、随停随充、安全性高、投资成本低等优点，可明显提升电动车充电便利性，降低充电运营成本。

无线充电主要有三种技术路径：电磁感应式、磁场共振式及无线电波式，从输出功率及充电效率看电磁感应式更占优势，从传送距离看无线电波式表现最出色，但是输出功率及充电效率反而最低，磁场共振式的输出功率太低而其他优点也不明显，因此，电磁感应式充电技术被目前大部分车企的无线充电系统所采用。尽管无线充电技术发展时间还比较短，技术上也不是十分成熟，但是奥迪、宝马、奔驰、丰田、本田、特斯拉、比亚迪等新能源汽车巨头都已经开始研发或测试旗下电动车的无线充电系统，国内北京、郑州、云南、成都、襄阳等地公交车正计划引入无线充电技术甚至开通无线充电运营线路，因而无线充电技术离我们的生活越来越近。

2016 年年初，美国能源署网站上公布了一项新型无线充电技术，可实现 20 千瓦的充电功率，大约是目前充电桩的 3 倍，有望替代传统充电桩成为电动汽车的基础充电设施，而车主需要做的只是将汽车停在上面。美国能源部橡树岭国家实验室（ORNL）在田纳西州与丰田、思科系统、Evatran 及克莱姆森大学国际汽车研究中心合作展示了新型无线汽车充电技术，用丰田 RAV4（10 千瓦·时电池）作为测试车型，充满 100% 电量为 30 分钟，80% 电量则仅为 18 分钟，充电效率令人惊叹。目前 ORNL 已经开始 50 千瓦充电系统的研发，如果成功，一般电动汽车的快速充电操作仅需 7 分钟，而且更高功率的充电系统也可以使其应用于卡车、公交车等车型。ORNL 项目经理认为："无线充电将是电动汽车领域的下一个关键转变，提供一种更加自主、安全、高效和方便的充电体验，同时也是电气化公路的一个敲门砖。"

如果说有人脑洞大开要将普通公路改造成太阳能发电公路，千万不要感到惊讶。美国一对电子工程师出身的夫妇正研发能够铺在公路上的太阳能电池板 Solar Roadway，不但能将公路改造成太阳能发电公路，而且提供照明和交通指示、路面探测、消除积雪，同时还能给电动汽车提供无线充电。Solar Roadway 太阳能道路系统项目每个太阳能道路砖块都由强化玻璃覆盖，由相互咬合六边形造型的钢化玻璃面板铺设，面板中嵌有光伏电池板，能利用太阳能发电，这些面板主要铺设在道路及停车场中，可以通过道路、停车场与家庭、企业等用电方相连。

美国 Solar Roadway 太阳能道路

该项目最大的亮点是，可以让公路作为一个巨大的无线充电系统，给在其上行驶和停泊的电动汽车进行无线磁感应充电，这将大大提高电动汽车的续航能力。该项目已经完成了许多测试，并提交到了 IndieGogo 众筹平台，已经获得了超过 200 多万美元的筹款。美国能源部与联邦道路管理局也参与资助了 100 万美元，并帮助他们完成实验阶段。在当地政府的支持下，Solar Roadway 在美国 66 号公路密苏里路段开启了小规模试点建设工程，朝着现实大面积应用又前进了一小步。只要完成全美国 1/3 的道路铺设，就可以满足全美国的用电量需要，同时可大幅度减少碳排放量，如果真能推广开来前景还是非常诱人的。

可控核聚变打造"人造太阳"

　　核聚变是指由质量轻的原子在超高温条件下，发生原子核互相聚合作用，生成较重的原子核，并释放出巨大能量的物质反应过程。目前最容易实现的核聚变反应是借助氢的同位素——氘与氚的聚变，因而不会产生核裂变所出现的长期和高水平的核辐射，不产生核废料，也不产生温室气体，对环境造成的污染极少，是人类未来高效能源的理想选择。氘和氚是取之不尽的原材料，海洋中大概蕴藏了40万亿吨氘，理论上如果全部用于聚变反应，释放的能量足够人类使用几百亿年。核聚变反应在太阳上已经持续了50亿年，太阳的光和热都从热核聚变反应而来。如果人类效仿太阳的原理，制造一个可控的"人造太阳"，将有望为解决地球能源危机找到新的出路。在地球上，核聚变最先是在氢弹爆炸中实现。在氢弹中，引爆用的原子弹所产生的高温高压，使氢弹中的聚变燃料挤压在一起，从而产生大量核聚变。只不过，氢弹爆炸威力巨大，人类无法控制它，也就无法通过氢弹爆炸产生的核聚变能量来为人类提供清洁能源。因此，各国科学家都在研究可控核聚变技术，以帮助人类找到更好的能源供应方式。

　　"国际热核聚变实验堆（ITER）计划"是当今世界科技界为解决人类未来能源问题而开展的重大国际合作计划，2006年启动实施，完整执行时间约需35年，耗资将达数十亿美元。ITER计划旨在创造一个"太阳"，给人类带来源源不断的清洁能源，因此也俗称"人造太阳"。该计划由美国、欧盟、中国、印度、日本、韩国、俄罗斯七方共同参与，包括了全世界主要的核国家和主要的亚洲国家，覆盖的人口接近全球一半。与不可再生能源和常规清洁能源不同，聚变能具有资源无限、不污染环境、不产生高放射性核废料等优点，是人类未来能源的主导形式之一，也是目前认识到的可以最终解决人类社会能源问题和环境问题，推动人类社会可持续发展的重要途径之一。

中国热核聚变装置 EAST，俗称"人造太阳"

　　磁约束聚变和惯性约束聚变是实现核聚变反应的两种技术路径，中国科学家都有深度参与和不菲贡献。中国从 20 世纪 90 年代开始实施可控核聚变研究计划，中国的核聚变实验装置 EAST 和中国、美国、俄罗斯等七方共同启动的"国际热核聚变实验堆（ITER）计划"都是旨在创造一个"太阳"，给人类带来源源不断的清洁能源，也属于"人造太阳"项目。2016 年年初，中国"人造太阳"EAST 物理实验获重大突破，实现电子温度超过 5000 万摄氏度、持续时间达 102 秒的超高温长脉冲等离子体放电，这是国际上同类实验中最好的成绩，为中国下一代聚变装置前期预研奠定重要的科学基础。尽管中外科学家在核聚变装置科学实验和工程技术上取得了重要阶段性成果，但专家预测，核聚变商业化应用可能约 30 年后才能实现。

美国能源部下属的普林斯顿等离子体实验室 (简称 PPPL) 科学家 2016 年 9 月公布了研发新一代核聚变设备的计划，打算创造一颗"罐子中的恒星"，在地球上复制出太阳和其他恒星通过核聚变产生能量的方式。目前，PPPL 实验室和英格兰的卡拉姆都已经拥有了球形核聚变反应堆装置。这些装置将帮助科学家设计出新型核聚变装置，作为商用核聚变发电厂的试点工厂进行发电。如果该计划成功的话，核聚变商业化应用的时间将大幅提前，人类将会获得取之不尽、用之不竭的清洁能源，依赖化石燃料来发电的时代将终结。

太空太阳能发电站将带来能源巨变

由于效率较低的太阳能板及其较高的建设成本，太阳能发电系统在地球上产生电能的效率并不理想。但在太空环境下，科学家认为可以改变传统方式，产生大量电能。太空里可以连续接收太阳能，不受季节、昼夜变化等的影响，接收的能量密度高，是地面平均光照功率的 7~12 倍，太空电站的发电效率远高于地面太阳能。同时，无线电波技术可以稳定地将能量传输到地面，基本不受大气影响。太空太阳能电站具体是指在太空中将太阳能转化为电能，通过无线微波传输方式传输到地面，或是直接将太阳光反射到地面、在地面进行发电的系统。目前美国、俄罗斯、中国、日本等国都在开展太空太阳能电站技术研究。

1968 年美国科学家彼得·格拉赛（Peter Glaser）首先提出了建造空间太阳能电站的构想，其基本思路是：将无比巨大的太阳能电池阵放置在地球轨道上，组成太阳能发电站，将取之不尽、用之不竭的太阳能转化成数千兆瓦级的电能，然后将电能转化成微波能，并利用微波或无线技术传输到地球。

美国海军研究实验室航天器工程师 2014 年公布了一种太空太阳能装置，从太空获得能量束，再发送太阳能至地面，为军事设施甚至城市提供能量。该项目已建造和测试了两种模块类型，用于捕捉并传输太阳能。第一种设计是使用"三明治"模块，在两个方形太阳能板之间塞满所有电子组件，顶侧太阳能板是一个光伏板；中间层电子系统可传输能量至无线频率，底部是一个天线，可朝向地面目标传输能量。第二种设计采用"梯级"模块，梯级打开三明治模块，在无需加热的情况下接收更多的阳光，因此更加高效。

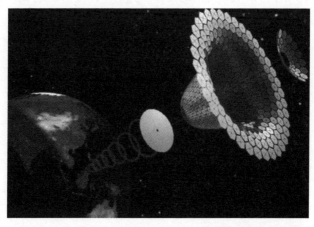

太空太阳能电站示意图

日本宇宙航空研究开发机构 2014 年宣布计划 2040 年建造太空太阳能电站，实现每年向东京传送 10 亿瓦电。该机构计划在太空打造一座太阳能电站，将微波能量从 3.6 万公里高空的太阳能收集器发射至地面，地面接收系统能够将微波能量转换成电能，因此，地面的人造岛屿将设置两个巨大镜面一天 24 小时对准空中太阳能电站，用于收集太空传输下来的太阳能量，然后再通过人造岛屿上专门的变电所，将电能通过海底电缆发送至东京，保证东京市区供电需求。日本未来计划在东京湾海港建造一个 3 公里长的人造岛屿，这座岛屿布设了 50 亿个天线。如果从太空太阳能电站创建一个年发电量 10 亿瓦的商业系统，就相当于一座核电站每年发电量，这些清洁能源对于福岛核电站核泄漏事故影响了核电布局，并且缺少石油资源和适用布局地面太阳能光伏发电土地的日本来说意义重大，属于日本新能源计划的重要尝试。

中国航天科技集团五院"钱学森空间技术实验室"团队 2016 年宣布已开展太阳能电站具体研究工作，目前正处于研究试验阶段，该团队提出的"多旋转关节空间太阳能电站"方案，在世界各国已设计出的几十种概念方案中获得了 2015 年世界太阳能卫星设计竞赛第一名。中国可能先建一台兆瓦级规模的试验系统，发射到太空开展相关实验。

从目前的技术发展水平来看，太空电站在技术原理上是可行的，太阳能帆板在卫星上广泛应用，而且近年来太阳能电池发电效率、微波转化效率等技术的快速发展也为太空电站奠定了良好基础。但要达到工业应用标准，对发电量要求将很高，至少是兆瓦、吉瓦量级，太阳能电池板也可能要用平方公里来计算。庞大的太空发电设施及复杂的运营系统，可能会带来巨大的建造成本及维护成本，短期看没有太大商业价值。不过，随着美国私人航天机构SpaceX（太空探索公司）成功将"猎鹰9号"火箭实现回收再利用，这将大幅降低火箭发射成本，从而有望让太空物资运输进入廉价时代，这可能大幅加快各国建造太空太阳能电站的建设进程。

第十五章
无人驾驶引领交通革命

百年汽车工业迎来大变革

"汽车之父"卡尔·本茨的汽车公司（奔驰的前身）从 1894 年开始批量生产世界第一款汽车，尤其是随后不久美国福特汽车公司批量推出了更廉价耐用的 T 型汽车，人类社会开始进入汽车时代。

实际上，卡尔·本茨在 1885 年就研制出了世界上第一辆汽车，这辆三轮式汽车搭载一台 0.9 马力的单缸汽油机，车重 254 千克，最高时速 15 公里，并具备现代汽车的一些基本特征：电点火、水循环、钢管车架、钢板弹簧、后轮驱动、前轮转向、制动手柄等。1886 年 1 月 29 日卡尔·本茨获得世界第一项汽车发明专利，这一天被大多数人称为现代汽车诞生日，卡尔·本茨也被后人誉为"汽车之父"。

自汽车诞生以来的一百多年，汽车与钢筋、水泥一样在普通大众眼里属于一个典型的传统产业，与高科技产业相距十万八千里，直到有一天"特斯拉""谷歌无人驾驶"这些时髦的名字进人们的视野，汽车产业才开始插上高科技的翅膀，一场前所未有的产业变革拉开了序幕。当诞生在硅谷的互联网企业开始研发汽车，就像鲶鱼一般冲击了传统汽车工业，福特、通用、奔驰、宝马、奥迪这些老牌汽车巨头就像沙丁鱼一样被彻底唤醒了，都在恐慌地横冲直撞，意图抓住接下来这场汽车产业大变革产生的巨大市场机会，否则可能面临被新汽车时代抛弃的命运。从 2017 年的拉斯维加斯 CES 消费电子展各大汽车巨头扎堆参展的空前盛况足以看出，百年汽车工业正迎来大变革，而新能源汽车及无人驾驶将成为这次变革的最大主题。

无人驾驶才是汽车的终极未来

相对于技术发展日新月异的互联网科技行业来说，汽车产业可以说是一个古老而又传统的行业。近百年来，整个汽车行业大部分的厂家还是在不断地拼发动机排量、功率、油耗、外观等上百年来几无变化的行业指标，很少有人从另外一个角度重新审视人们到底需要一辆什么样的汽车？汽车怎样更好融入互联网？直到谷歌无人驾驶汽车的出现人们才悟到了答案。

事实上，从 20 世纪 70 年代开始，美国、英国、德国等发达国家已经开始进行无人驾驶汽车的研究，在可行性和实用化方面都取得了突破性的进展。中国从 20 世纪 80 年代开始进行无人驾驶汽车的研究，国防科技大学在 1992 年成功研制出中国第一辆真正意义上的无人驾驶汽车。不过，在谷歌无人驾驶汽车出现之前，大部分的无人驾驶技术研发都处在实验室阶段，谷歌无人驾驶是最先大规模进行路测并且主要采用深度学习算法及大数据、人工智能等互联网技术的新一代智能驾驶系统。

无人驾驶是利用车载传感器来感知车辆周围环境，并根据感知所获得的道路、车辆位置和障碍物信息，控制车辆的转向和速度，从而使车辆能够安全、可靠地在道路上行驶。无人驾驶的技术路径有两条：通过 ADAS 系统实现和通过车通信系统实现，也即是车辆的智能化与路网系统的智能化。ADAS 系统是实现无人驾驶的核心系统，车通信系统是无人驾驶系统的环境信息补充系统。按照欧洲道路运输研究咨询委员会（ERTRAC）2015 年对于无人驾驶路径的预测，这两条路径将在 2020 年开始融合，并预计在 2030 年最终实现城市环境的无人驾驶。

高级驾驶辅助系统（ADAS）已经开始在现阶段的量产车中得到逐步应用，它是实现无人驾驶的基础，博世、大陆、德尔福、电装等国际零部件巨头，以及新兴创业型公司 Mobileye 在 ADAS 领域仍具有明显的技术优势，占据国际主流汽车厂商的前装市场。ADAS 系统目前在中国的装车率只有 3% 左右，提升空间巨大。预计 2015 年全球 ADAS 相关产品市场规模约 500 亿元，2020 年市场规模接近 2000 亿元，其中中国市场规模超过 500 亿，市场份额接近 30%。

无人驾驶是汽车智能化和互联网化的必然趋势，将成为未来5~10年汽车产业和资本市场投资最重要的热点之一。美国汽车专业调查公司IHSAutomotive预测，无人驾驶量产汽车将在2025年上市，估计销量可达23万辆。到2035年，无人驾驶汽车年销量将达到1180万辆，约占总销量的10%。2035年无人驾驶汽车在北美市场份额可以达到29%，中国无人驾驶汽车市场份额为24%，欧洲市场份额为20%。

　　尽管短期看无人驾驶的安全性令人感到有所顾虑，但是从长远看安全是推动无人驾驶汽车需求增长的主要因素。美国2015年有约3.5万人死于车祸，而汽车保有量更大的中国，近几年每年车祸死亡人数大约也超过10万人，而全世界每年因交通事故死亡的人数超过了100万，交通事故目前已经成为"世界第一杀手"，汽车也成为世界上最危险的机器。美国国家公路交通安全管理局的一份报告指出，目前90%的交通事故都是由于人类的错误操作带来的，比如注意力不集中、疲劳驾驶和开车使用手机，这些都是导致车祸发生的主要原因。很多研究人员认为，让人类操纵一台复杂的机器在路上狂奔本身就是一件很愚蠢的事情，并不是所有人都擅长操纵机器，无人驾驶汽车的出现将会有效降低车祸的发生。

　　除了安全的需要，也有越来越多的消费者对科技含量更高、体验更好的无人驾驶汽车表现出强烈兴趣。波士顿咨询公司(BCG)与世界经济论坛2016年8月联合发布调查报告称，针对全球十个国家的5500余名消费者进行有关无人驾驶车的调研发现，全球各地约58%的城市消费者愿意尝试无人驾驶车，其中年轻人的热情最高，而中国受访者中愿意尝试无人驾驶车的比例超过了八成，大大高于美国和德国。根据消费者反馈，他们对无人驾驶车感兴趣的首要原因就是便捷易用的停车辅助以及旅途效率的显著提升。当被问及应由谁来生产无人驾驶车时，近半数的受访者看好传统汽车制造商。

科技巨头分享无人驾驶盛宴

以谷歌、百度为代表的科技巨头是本轮无人驾驶的先行者，但传统车企也在加快无人驾驶汽车研发战略布局。2017年1月美国拉斯维加斯CES消费电子展吸引了500多家汽车技术厂商参展，创历史之最。CES本来是一个消费电子产品展览，历来都是以计算机及数码产品厂家为主要参展商，但是本届却吸引了大量汽车巨头前来参展，宝马、奔驰、奥迪、大众等传统汽车厂商以及百度、英特尔等科技巨头纷纷展示了自动驾驶技术或自动驾驶车型。早在2015年12月，百度就已经宣布无人驾驶路试成功并且成立无人驾驶事业部。2016年4月，上汽集团和阿里巴巴在北京车展发布首款互联网汽车，长安、北汽、乐视等中国企业也纷纷发布无人驾驶汽车战略。

谷歌无人驾驶汽车

谷歌是最先大规模进行路测的无人驾驶汽车研发企业，从 2009 年开始执行无人驾驶研发计划。谷歌无人驾驶汽车不需要司机就能启动、行驶以及停止，使用摄像头、激光扫描仪、毫米波雷达、超声波雷达等电子设备来识别路况，通过计算机算法来控制车辆躲避障碍物，从而实现无人驾驶。根据谷歌提交给机动车辆管理局的报告，截至 2015 年 11 月谷歌无人驾驶汽车在自动模式下已经完成了 130 多万英里的道路测试。据谷歌最新公布的月度无人驾驶状态报告显示，除了让无人汽车实际上路测试累积行驶数据外，每天也会利用其庞大的数据中心，由软体模拟方式让无人车持续在各类路况下学习正确驾驶模式，以及在不同道路状况下如何迅速应对，目前无人驾驶汽车每天模拟驾驶 300 万英里（约 483 万公里），相当于往返北京和上海 2000 多趟。

百度无人驾驶汽车

　　2015 年 12 月百度无人驾驶汽车完成国内首次城市、环路及高速道路混合路况下的全自动驾驶测试。百度与宝马公司合作以 BMW 3 系 GT 为基础研发的自动驾驶车辆，它能够自动完成跟车、减速、转向、超车、上下高速公路等一系列复杂动作。百度无人驾驶系统由前后两部分组成，位置靠前的装置是 360 度激光雷达，用以检测方圆 60 米内的路况，并以此进行建模，从而形成一个 3D 地图。位置靠后的装置是高精度地图 GPS，用以确定车辆所在位置。该车辆还整合有宝马提供的车身内部传感器和车辆控制接口，宝马提供技术支持，百度负责自动驾驶决策与控制模块。百度已经在北京和芜湖的公共道路以及位于上海的一个封闭测试区测试无人驾驶汽车。还计划今后能在中国的 10 个城市进行测试，以适应不同的天气、道路和交通状况。百度还宣布计划五年内实现无人驾驶汽车的量产，为了照顾那些希望享受开车乐趣的用户，百度的第一批无人驾驶汽车将安装方向盘。此外，百度还联手芯片巨头英伟达计划构建一款端到端的自动驾驶汽车解决方案，最终目标是推出一款能够支持出租车轻松上路的自动驾驶平台，而且还向汽车 OEM 厂商提供可融入同一个网络的智能平台。

除了百度在测试无人驾驶汽车，乐视也在 CES 2016 揭开乐视超级汽车"See 计划"，"SEE 计划"的理念包含：汽车的电动化；汽车智能化，如自动驾驶；汽车互联网化，包括乐视车联、自动驾驶、云计算等以及基于共享理念的社会化运营。乐视联手美国电动车新兴企业法拉第（Faraday Future）共同打造无人驾驶的电动车，乐视将成为法拉第汽车重要战略合作伙伴，双方将在电动汽车动力总成、制造、车联网开发、内容等多方面开展合作。2016 年 8 月乐视在杭州宣布正式启动"乐视生态汽车超级工厂"项目，该项目共计划投资近 200 亿人民币，汽车园区第一阶段规划用地共 4300 亩，并拥有汽车生产制造的四大工艺（冲压、焊接、涂装、总装），并配套有物流仓储、电池生产等主要设施，未来该工厂将具备 40 万辆的年产能。

相对于大部分企业的无人驾驶系统还正在研发及路测中，特斯拉是最早向消费者推出可以直接上路的无人驾驶系统的车企。特斯拉目前已经在旗下销售的 Model S 和 Model X 车型搭载自动驾驶系统 Autopilot，但这项技术仍然处于公开测试阶段。开启此功能后，特斯拉汽车可以在高速公路，甚至室内拥堵路段自动巡航，根据周围车流的速度调节自身车速，在车道线内自动弯道转弯，在驾驶员开启转向灯后自动变道，并支持自动泊车。实际上，Autopilot 仅是特斯拉为车主提供的一套高级驾驶辅助系统，而不是自动驾驶系统，如果司机将车辆完全交给 Autopilot 控制，将可能产生较大风险。2016 年 5 月，一辆 2015 款特斯拉 Model S 在美国佛罗里达州一条高速公路上开启自动驾驶模式时，与其前面正在进行左转的一辆拖挂车发生碰撞，Model S 的自动驾驶程序并未发挥作用，特斯拉车主在事故中丧生。这是目前自动驾驶技术应用以来第一起已知的导致死亡的交通事故。

新能源汽车拉开产业变革序幕

一百年多年来，以化石燃料驱动内燃机为主要动力的传统汽车给人们出行及物资运输带来了极大便利，但是也因尾气排放给城市带来了严重的大气污染难题，化石燃料供给的不可持续性也给人类带来能源枯竭的压力，因此，更加绿色环保的新能源汽车成为汽车产业的一支新生力量，迅速崛起成为汽车产业变革的又一重大方向。目前各国都非常重视新能源汽车的发展，比如德国联邦议院在 2016 年通过一项决议，计划于 2030 年禁止汽油车以及燃油车上路。在中国经济转型升级的特殊时期，发展新能源产业被摆在更加突出的位置。一方面国务院明确表示原则上不再核准新建传统燃油汽车生产企业；另一方面，国家政策给予新能源汽车产业前所未有的支持，让国内新能源汽车与国外几乎处于同一起跑线上。

受政策因素推动（如免税、挂牌、摇号、限行等）及新能源汽车性能提升刺激消费需求等多种因素影响，中国新能源汽车市场近两年经历了高速增长，目前正进入行业爆发期。根据中国汽车工业协会数据显示，2015年中国新能源汽车产量为34.05万辆，销量为33.11万辆，同比增长333.73%和342.86%；2016年上半年，中国新能源汽车产量为17.7万辆，销量为17万辆，比去年同期分别增长125.0%和126.9%，中国在2016年成为全球最大的电动汽车市场。国务院2012年发布的《节能与新能源汽车产业发展规划（2012 – 2020年）》要求，2020年中国要完成500万辆新能源汽车产销量目标。《中国制造2025》提出到2020年，自主品牌纯电动和插电式新能源汽车年销量突破100万辆，在国内市场占70%以上；到2025年，与国际先进水平同步的新能源汽车年销量300万辆，在国内市场占80%以上。根据管理部门发布的"关于2016—2020年新能源汽车应用推广财政支持政策的通知"以及"十三五规划"，预计到2020年中国新能源汽车市场规模将超4000亿人民币，而与之相关的动力电池市场规模将达到人民币2000亿。

根据技术成熟程度及产业发展趋势，目前新能源汽车主要包括纯电动汽车、插电式混合动力汽车和燃料电池汽车三个方向，其中纯电动汽车将成为未来新能源汽车的主流方向，因而动力电池及充电站、充电桩等充电设施成为目前新能源汽车产业发展的最大瓶颈，但是未来几年，随着技术进步及政策推动、消费需求拉动，这些瓶颈问题将能明显缓解。根据中国汽车工业协会数据显示，2015年中国累计建成集中式充换电站5600座，累计建成分散式充电桩4.95万个，同比增长361.54%和

59.68%；根据国家能源局制定的《2016 年能源工作指导意见》，2016 年中国累计建成集中式充换电站 5600 座，分散式充电桩 100.95 万个，同比增长 55.56% 和 1939.39%，充电设施建设向分散式充电桩倾斜。分散式充电桩的建设场景集中在住宅小区、办公区域等专用场所，使用频次高于集中式充换电站。《电动汽车充电基础设施发展指南（2015—2020 年）》指出，中国计划到 2020 年，新增集中式充换电站超过 1.2 万座，分散式充电桩超过 480 万个，满足全国 500 万辆电动汽车充电需求。

从全球新能源汽车产业发展格局看，特斯拉电动车已经成为行业明星，成为很多传统汽车企业模仿学习的对象。无论是整车性能还是市场受欢迎程度，特斯拉都能称得上是新能源汽车的标杆企业。特斯拉汽车公司 2003 年成立于美国硅谷，由硅谷传奇人物埃隆·马斯克担任董事长，公司致力于用最具创新力的前沿技术，开发性能卓越的电动汽车。特斯拉电动汽车在质量、安全和性能方面均达到汽车行业最高标准，并提供最尖端技术的网络升级等服务方式和完备的充电解决方案，为人们带来了最极致的驾乘体验和最完备的消费体验。特斯拉汽车公司已经推出市场的几大车型包含 Roadster、Model S、Model X、Model 3。

特斯拉 Model X

特斯拉电动车以跑车造型及高性能打破了过去电动车给消费者的呆滞印象，设计时尚的特斯拉电动车就像一台安装在四个轮子上的可移动的大号平板电脑。坐进特斯拉汽车的驾驶室，几乎找不到机械按键，内部控制的功能全部集成到一个大尺寸智能平板里面了，控制汽车就像玩智能手机一样，直观、简单、一气呵成。以最畅销的特斯拉Model S为例，售价按照电池规格分别为57400美元、67400美元和77400美元，对应的续航里程为260公里、370公里和480公里，百公里加速时间为5.6秒，最高时速可达193公里/小时，跻身目前全球最出色的电动汽车行列。Model S目前全球累计销量已超10万辆，被评选为2015年全球最畅销电动车。2016年初特斯拉新发布一款售价仅3.5万美元的低价电动汽车Model 3，消费者可在网上提前支付1000美元的定金预定，Model 3在24小时内获得了18万个订单，截至2016年06月全球预订量已经突破40万辆，广受消费者欢迎。

就目前新能源汽车产业而言，电池成本居高不下成为行业发展最大瓶颈，一辆电动汽车的电池成本占到整车成本的30%以上，电池成本过高，电动汽车的售价也很难平民化。为了能快速提高锂电池的产量，并且降低生产成本，特斯拉于2014年宣布计划投资50亿美元建设Gigafactory超级电池工厂。

总投资50亿美元的Gigafactory超级电池工厂选址于美国内华达州斯托里县中3200英亩（约合12.95平方公里）的土地上，2020年全部建成时将成为全球第二大建筑物，规模稍小于位于华盛顿州埃弗雷特市的波音工厂。为实现能源的自供应，该工厂的屋顶和周围山顶都铺设上了太阳能面板，未被消耗的电能将被储存，以供在没有光照的时候使用。除了太阳能，地热能和风能也在应用范围之内。

在 Gigafactory 工厂中，日本松下公司负责制作电池的电芯，特斯拉负责进一步组装电池模组和电池包。与此前的对外加工或采购不同，特斯拉这次将电池制造所有流程都集中在工厂内部，因而工厂内将设有与外部相连接的轨道，轨道电车将从原材料地出发，将原料运入工厂内进行加工，最后再由轨道电车将电池成品运出工厂，以此形成闭合的一体化供应链。整个过程特斯拉的工程队伍与松下公司紧密合作，显著提高电池的生产效率，这样的效率很可能已接近全球最好的电池工厂的 3 倍。

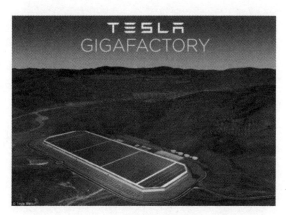

特斯拉 Gigafactory 超级电池工厂

按照特斯拉的规划，Gigafactory 投产之后产能会比全世界的其他厂家电池总产能还多，2018 年的目标是 35 吉瓦·时产量，相当于 50 万辆 Model 3 的电池需求量，也相当于 2014 年全球电池的产能总和。如果有必要的话，甚至还能达成 150 吉瓦·时的产能（纽约市的年均电力需求约为 52 吉瓦·时）。至 2018 年，特斯拉的电池成本将下降逾 30%。

特斯拉汽车在美国本土完成攻城略地之后，在中国的战略布局也在加速推进。2014 年特斯拉宣布与中国联通合作在中国 120 个城市兴建 400 个目的地充电站，并在 20 个城市建设超级充电站。在此前半年，特斯拉已经牵手银泰集团在北京、杭州等全国多地银泰商业地产项目、银泰百货各门店中铺设特斯拉专用充电车位，特斯拉的疯狂扩张，为沉寂多时的中国电动汽车市场带来了强烈的鲶鱼效应。

特斯拉电动车已经成为全球新能源汽车的标杆，如果要找出中国版的特斯拉那么非比亚迪汽车莫属。作为全球新能源电池龙头企业的比亚迪，从 1996 年开始涉足锂电池的研发，2002 年开始进行电动汽车用的大容量、高性能锂离子动力电池的研究，从 2003 年开始正式进行电动汽车的研发，2006 年开发出第一款以磷酸铁锂为正极的锂离子动力电池，从而拉开了锂离子动力电池商业化的序幕。比亚迪新能源汽车业务采取了高度垂直整合的经营模式，不仅具备传统整车和核心动力总成生产能力、模具开发能力，完善的整车及零部件检测能力，更立足于自身先进电池技术，掌握了"电池 + 电机 + 电控"三大新能源车产业链核心环节以及上游的电池材料供应。

从 2008 年开始，比亚迪先后推出 F3DM、K9、E6、秦、唐以及与戴姆勒公司合作研发的豪华电动车品牌"腾势"等新能源汽车产品。2015 年比亚迪根据工信部 2015 年合格证出厂数据，比亚迪秦（3.2 万辆）与唐（1.8 万辆）共同占据全国插电式混合动力乘用车市场约 80% 的市场份额，E5 和 E6 纯电动汽车合计 6300 辆左右（增速 100%），加上高端 EV 品牌腾势（3000 辆）、新能源客车（5600 辆），2015 年比亚迪各类新能源汽车总产量大约在 6 万辆左右，新能源乘用车销量排名全球第一，市场占有率超过11%。2016年比亚迪有三款插电混SUV——唐、宋、元同时销售，在插电混SUV领域明显领先于竞争对手，竞争优势突出。

比亚迪秦新能源汽车

以电池产业起家再转入新能源汽车研发制造的比亚迪，在汽车动力电池方面的产业优势异常突出，其自行研制的磷酸铁锂电池经过火烧、挤压、针刺、过充、短路等极端测试，获得国际汽车行业技术典范ISO/TS16949：2009认证，这也是中国电动车动力电池行业的第一个ISO/TS16949认证。铁电池比目前广泛使用的钴酸锂等材料的电池具有容量更高、环境适应性更好、更安全、更环保等特点，是比亚迪电动车的核心技术。比亚迪是全球最先实现铁电池产业化的车企之一，也率先将铁电池动力的电动汽车投放市场。搭载了自主研发铁电池的比亚迪秦，在纯电状态下续航里程能够达到70公里，连续在2014年、2015年夺得新能源汽车销量冠军。相比纯电续航里程为58公里的宝马530Le以及纯电续航里程为37公里的宝马i8，比亚迪秦是新能源汽车在电池方面的一个突破。

作为国产新能源汽车的领军企业，比亚迪在新能源汽车技术提出"542战略"：即百公里加速时间少于5秒、全时4驱、百公里油耗少于2升这三项性能指标；产品规划上启动"7+4"布局：未来车型覆盖7个主要目标市场（私家车、公交车、出租车、环卫车、城际间客运车、物流轻卡车、建筑工程车）及4个特种车市场（仓储、机场、矿山、港口的专用车辆），实现对交通运输工具的全面覆盖。同时，比亚迪前瞻性地扩建电池产能，拟投入110亿元用于铁动力锂离子电池扩产项目、新能源汽车研发项目，不断加快新能源汽车的推广速度。

实际上，传统汽车制造业已历经百年的大发展，技术上已高度成熟，从最核心的发动机、变速箱、悬挂系统到周边的配件供应，整条产业链已经有非常完善的分工协作。这恰恰跟智能手机产业链有很多相似的地方，生产制造可以外包，甚至所有硬件研发几乎都可以外包，品牌企业只需要掌握价值链最高的核心环节，因此在中国智能手机上广泛普及的互联网商业模式，也将很大机会被逐步应用到未来智能汽车的生产制造中。

无人机带来交通新变革

自从飞机发明以后，飞机日益成为现代文明不可缺少的运载工具，它深刻地改变和影响着人们的生活。由于发明了飞机，人类环球旅行的时间大大缩短了。16 世纪人类开启了世界上第一次环球旅行，当时葡萄牙人麦哲伦率领一支船队从西班牙出发，穿越大西洋、太平洋环绕地球一周，足足用了 3 年时间最终才回到西班牙。19 世纪末，一个法国人花费了 43 天的时间乘火车环球旅行一周。飞机发明以后，1949 年一架 B-50 型轰炸机，经过 4 次漂亮的空中加油，仅仅用了 94 个小时便绕地球一周，飞行 37700 公里。超音速飞机问世以后，人们飞得更高更快。1979 年英国人普斯贝特只用 14 个小时零 6 分钟就环绕地球一周，飞行 36900 公里。现在人类要飞到地球的任何一个角落，都只需不到一天的时间，这对于生活在 20 世纪以前的人类来说，可以说得上是一个奇迹。

人类社会从第一次工业革命以来发展到今天，相继经历了轮船、火车、汽车和飞机四种主要的现代交通运输工具，速度最快的是飞机，但是最常使用的却是汽车，速度与成本之间的矛盾导致交通运输的需求潜力还没有完全释放。未来人类还需要速度更快、成本更低、更加安全的交通运输工具，其中无人机、飞行汽车、飞行背包等低空飞行器以及真空管道超级高铁等都有望成为未来二三十年全球重点发展的新型交通运输工具，技术的进步有望让人类交通运输的效率再次出现飞跃。

成立于 2006 年的深圳大疆无人机是全球消费级无人机的佼佼者，客户遍布全球 100 多个国家，大约占据了全球商用无人机市场近 70% 的份额，年销售额超过 10 亿美元，2015 年大疆公司估值超过 100 亿美元。大疆无人机入选美国《时代》杂志 2014 年度十大科技产品。《华尔街日报》称大疆是"首个在全球主要的科技消费产品领域成为先锋者的中国企业"。美国联邦航空管理局(FAA)2015年发布的资料显示：获批使用无人机的129家公司中，61家在使用大疆无人机，遥遥领先于第二位。另外695家正等待批准的公司中，有近400家公司申请使用大疆无人机。

大疆无人机

除了大疆无人机尝到了无人机市场爆发的甜头，很多商业领域也有巨头企业引入无人机来探索全新的商业模式。亚马逊启动了Prime Air的无人机物流计划，已经进入了第9代产品的研发；极飞无人机与顺丰快递合作推进无人机物流项目；Google收购无人机公司Titan Aerospace；Facebook以2000万美元收购英国无人机公司Ascenta；迪士尼乐园也引入了无人机。

超级高铁开启交通新时代

传统高速列车由于受到空气阻力及轨道摩擦力的影响，当时速大于 500 公里时安全性及经济性都明显下降，为了克服这些难题，一种全新的真空管道运输技术诞生了。超级高铁是一种以"真空管道运输"为理论核心设计的新型交通工具，具有超高速、安全、低能耗、噪声小、污染小等特点。因其胶囊形外表，又被称为"胶囊高铁"。这种超级高铁有可能是继轮船、火车、汽车和飞机之后的第五代交通运输工具。

美国电动汽车公司特斯拉和美国科技公司 ET3 都公布了"真空管道运输"计划，特斯拉将其命名为"超级高铁"，随后成立了专门公司 Hyperloop 进行该项目的运作，而 ET3 因列车外观酷似胶囊则称之为"胶囊"列车。2013 年有着"科技狂人"之称的特斯拉汽车董事长埃隆·马斯克阐释了他的"超级高铁"构想：超级高铁的预期时速为 1200 公里，接近音速。这一速度将比现在最快的子弹头列车快两三倍，比飞机的速度快两倍。除了速度快，超级高铁还具有安全、环保的优点，免受复杂天气干扰，也可以使用太阳能作为驱动力。超级高铁在真空管道中运行，车厢像一个胶囊，每一个胶囊被放置于管道中，像炮弹一样被发射至目的地，胶囊处于几乎没有摩擦力的环境中，无间断地行驶。除了消除空气摩擦带来的阻力，超级高铁的另一大亮点是采用磁悬浮技术解决接触摩擦的阻力，利用磁悬浮或气悬浮技术使车厢在真空管道中无接触、无摩擦地运行，达到点对点的传送运输。

实际上，马斯克并不是提出"真空管道运输"概念的第一个人。早在 1904 年，美国学者罗伯特·戴维就已经提出"真空管道运输"的设想。20 世纪 80 年代，美国机械工程师达里尔·奥斯特开始思考"真空管道运输"的可行性。1999 年，奥斯特申请了"真空管道运输"专利。2010 年，奥斯特在美国科罗拉多州成立了一家致力于开发真空运输项目的公司 ET3。按照 ET3 公司的设想，真空管道运输是一个类似胶囊一样的运输容器，它通过真空管道进行点对点传送，最高时速可以达到 6500 公里。

Hyperloop 超级高铁设计概念图

2016 年 5 月 Hyperloop 公司的超级高铁推进系统首次户外测试成功，3 米长的实验"滑车"在铺设好的轨道上运行了 2 秒钟，最终速度达到 400 英里每小时后（约合 640 公里 / 小时），撞击到 91 米外的沙堆减速停车。尽管超级高铁起始投资巨大，比如建设从旧金山到洛杉矶之间的超级高铁的成本可能高达数百亿美元，但超级高铁的票价将会低于现有的子弹头列车。按照规划，最终正式运行的"超级高铁"时速将达 750 英里，一列车坐 28 人，洛杉矶到旧金山票价 20 美元，一年运送旅客 740 万，20 年收回投资。超级高铁项目目前已经初步测试成功，预计 2019 年就可以实现装载货物，2021 年将实现运输乘客。从北京到纽约，目前乘坐最快的直达航班也需要 12 小时，也许在不远的未来，乘坐超级高铁只需要 2 小时即可到达，技术的进步再次让人类进入全新的交通时代。

共享交通才是出行的未来

由于移动互联网的快速发展及智能手机的普及，个人与个人之间的信息沟通变得非常便捷，这让大量社会闲置资源可以通过共享方式创造价值，因此共享经济兴起。例如汽车领域的打车、租车、拼车以及房产领域的租房、短租等商业模式近几年快速崛起，吸引了越来越多用户关注和使用。美国加州大学伯克利分校交通永续研究中心的研究结果显示：汽车共享服务不仅能够让城市出行更加便捷，同时还能改善城市环境，将成为未来出行的重要趋势。汽车共享服务可减少自用车数量，降低大城市道路的汽车流量，从而改善堵车、空气污染与停车难等问题。

由于大城市打车难、出租车服务差等问题成为常见出行难题，网络约车在短短两三年间出现了爆炸性增长。网络约车是通过移动互联网技术和大数据的应用，为用户提供舒适、便捷的出行服务，依托大数据优化运营流程为解决城市交通拥堵，降低汽车保有量，提高车辆空载率，让环保绿色出行成为可能。网络约车业务 2009 年最早起源于美国，开创该业务的 Uber 如今已在全球 220 多个城市开展业务，同时也饱受争议，面对了无穷无尽的抗议和法律官司。网络约车在中国也一再遭到出租车司机的群体抗议以及乘客遭侵害的个别事件不时成为网络轰动新闻，因而各地方车辆监管部门曾一度将网络约车纳入非法营运的"黑车"范围予以打击。不过，随着网络约车给用户出行带来极大便利以及对解决交通拥堵及大气污染等问题有重要推动作用，2016 年 7 月中国交通运输部等七部委发布《网络预约出租汽车经营服务管理暂行办法》宣布网约车合法，这也是全球范围内第一部国家级的网约车法规。

美国 Uber、德国 car2go 和中国滴滴出行的共享模式开始改变消费者用车行为，私人汽车从过去的"所有权"向"使用权"过渡。宝马、奔驰、大众等汽车巨头已经开始进入汽车共享领域，Uber 亦与卡耐基梅隆大学共同研发无人驾驶车。随着汽车产业向智能化和网络化演进，未来无人驾驶的共享汽车很可能成为人们出行的主要方式。

第四篇 科技创新与经济增长

04

科技无国界，当前全球新一轮科技革命和产业变革浪潮正汹涌来袭，并且势不可挡，对于每个国家与个人，既是机遇也是挑战。

第十六章
创新维艰：鲜为人知的冒险

最早的风险投资家

15 世纪开始，欧洲发起的远航探险热潮让人类迈进大航海时代。1451 年出生在意大利犹太人家庭的哥伦布，自幼热爱航海冒险，读过《马可·波罗游记》，十分向往东方经济发达的印度和中国。根据当时盛行的地圆说，哥伦布确信从大西洋西航可以找到一条通往东亚的切实可行的航海路线。为了实现他向西航行到达东方国家的计划，哥伦布先后向多个国家王室请求资助，但是葡萄牙、意大利、英国、法国等国国王拒绝了。一方面，当时地圆说的理论尚不十分完备，很多人还不是很确信，从而将哥伦布看成江湖骗子。另一方面，当时依靠传统的海、陆联运商路进行丝绸、瓷器、茶叶、香料贸易的商人财团极力反对哥伦布开辟新航路的计划，以免破坏他们原有的贸易体系。

融资屡屡碰壁并没有让哥伦布打消寻找新航线的梦想，到处游说了十几年之后，直到 1492 年终于迎来了一位慧眼识英雄的投资人。这位投资人就是西班牙王后伊莎贝拉女王，她说服了国王斐迪南二世资助哥伦布的航海计划，甚至要拿出自己的私房钱投入其中。在解决了资金问题后，1492 年 8 月 3 日，哥伦布受西班牙国王派遣，带着给印度君主和中国皇帝的国书，率领三艘

《马可·波罗游记》——近代航海家的启蒙之作

百十来吨的帆船，从西班牙巴罗斯港扬帆出大西洋直向正西航行。经七十个昼夜的艰苦航行，1492 年 10 月 12 日凌晨终于发现了陆地：巴哈马群岛。但是哥伦布误认为到达的新大陆是印度，并称当地人为印第安人。1493 年 3 月 15 日，哥伦布回到西班牙。之后，哥伦布又登上了美洲的许多海岸。直到 1506 年逝世，哥伦布一直认为他最初到达的陆地是印度，实际上后人证实这是美洲新大陆！

哥伦布首次远航的成功刺激了西欧国家和航海人士竞相远航探险，

西欧出现了远航、探险、发现、殖民的高潮，开启了大航海时代，也掀起了一场海上交通革命，成为人类文明进程中最重要的历史之一。40 岁之前的哥伦布被人认为是江湖骗子，40 岁之后凭借开辟新航线及发现美洲新大陆成为人类历史上最伟大的航海家，不过这一人生大逆转主要得益于西班牙伊莎贝拉女王的风险投资。这位人类历史上最早的风险投资家，为哥伦布的航海事业铺平了资本道路，也为后来西班牙开辟美洲殖民地奠定了基础。鉴于哥伦布及伊莎贝拉女王对人类历史的贡献，美国学者麦克·哈特在他所著的《影响人类历史进程的100 名人排行榜》中，将哥伦布排在第 9 位，伊莎贝拉女王排名 65 位，两人因同一历史事件而进入排行榜极为罕见。

吃尽官司的"现代印刷术之父"

印刷术可以说是世界文明史上的最重要的发明之一，它的问世使人类具备了文字信息的大批量复制能力，开始了对信息的批量生产，从而使知识、思想、宗教、文化有了传播的载体，为更多的人提供了受教育的条件，更使各种典籍得以广为传播并流传至今，对世界的科学文化及文明的进步起到了巨大的推动作用。

中国是最早应用印刷术的国家，早在隋唐时期（公元 581 年~618年）中国就已经有了世界上最早的印刷品。不过，中国人仅是雕版印刷术的发明者，而金属活字印刷术是由德国人约翰·古登堡发明的，因而古登堡也获得了"现代印刷术之父"的美誉。古登堡 1397 年出生于德国美因茨，父亲是当地造币厂工人，可能受父亲从事金属铸币工作的影响，古登堡幼年就学习金匠手艺。1434 年古登堡前往另一个城市——斯特拉斯堡，与人合伙磨制宝石和制镜。但是由于合伙生意经营不善，古登堡欠下了一大笔债务无法偿还，因而被债权人告上了法庭。在法庭上，古登堡被迫公示自己的财产，其中就包括了一叠他正秘密研究的新技术资料，这项技术就是铅活字印刷术。

据说古登堡金属活字印刷技术的灵感源自两个概念类比。其一是，当时美因茨很流行用压榨机榨取葡萄汁，并且也有人用压榨机挤压浸泡后的亚麻、大麻或棉花里的水分来造纸，因而古登堡设想是否可以把墨水用压榨机压进纸张里面。其二是，作为铸币工人的儿子，古登堡留意到硬币表面凸起的图案可以倒印到纸张上，而且通过变换字母组合可以印出特定的单词，因而古登堡开始尝试设计金属活字印刷机器。

古登堡印刷的《圣经》

但古登堡在斯特拉斯堡的技术试验并没有取得很好的效果，并且财务上也面临困难，因此古登堡返回故乡美因茨，到处筹措资金再做试验。1450 年，古登堡从金匠出身的富商富斯特处贷得一笔款项，依靠已经研发成功的活字印刷机与富斯特合作开办了第一家商业印刷厂，随后印刷了"赎罪券"、《圣经》等印刷品。1455 年，与富斯特的合约期满，因无力偿还贷款，古登堡再次吃了官司，法院判决印刷厂一切工具、设备、活字等均归他的合伙人富斯特所有，厂内的熟练技工，包括古登堡的重要助手舍弗等人都移入富斯特的工厂中。因为这场官司，古登堡彻底破产了，成为印刷界的穷光蛋，随后的几年一直都经济拮据。

尽管古登堡发明的金属活字印刷术最终没有让他飞黄腾达，但是这项发明后来被广泛应用于欧洲迅速崛起的大量印刷厂，并且降低了印刷成本，促进了知识的传播，提升了文化普及度，极大地加快了欧洲知识和经济的发展。据日本学者庄司浅水 1936 年的统计，从 1450 年古登堡金属活字印刷术研发成功，到 1500 年半个世纪内，印刷厂已遍布欧洲各国，总共约 250 家，出书达 2.5 万种。如每种以 300 部计，则欧洲在这 50 年间印刷书籍达 600 万部，这在之前依靠手工抄写是不敢想象的数字。正是因为技术进步导致印刷量迅速增加，文化知识突破了教会的垄断向社会中低层人群传播，使得欧洲的文盲大量减少，人们开始摆脱愚昧和无知，从而掀起了一场认知革命。鉴于古登堡这项发明的重要意义，美国学者麦克·哈特在他所著的《影响人类历史进程的 100 名人排行榜》中，将古登堡排在第 8 位，可见其在人类历史上巨大的影响力。

"蒸汽机之父"背后的男人

众所周知，蒸汽机作为第一次工业革命的标志，奠定了英国称霸世界的基础，而实用蒸汽机的发明者是瓦特。1765 年，格拉斯哥大学的机械师瓦特通过改良纽科门的蒸汽机制造出单动式蒸汽机，并于1769 年取得了英国的专利。随后瓦特又改良蒸汽机为联动式蒸汽机，并于 1785 年投入使用。瓦特的创造性工作使蒸汽机迅速地发展，也使原来只能抽水的机械，成为了可以普遍为各行业提供动力的蒸汽机，并使蒸汽机的热效率成倍提高，而耗煤量大大下降。蒸汽机的广泛应用推动了生产机械化，让人类从农业时代迈入工业时代。

瓦特发明的蒸汽机改变了历史的进程，然而很少有人知晓资助瓦特发明实验的两位企业家——约翰·罗巴克和马修·博尔顿。特别是博尔顿，他对瓦特的资助为瓦特改良蒸汽机提供了经济保障，并且将蒸汽机推向市场，使其获得广泛应用。实际上，正如几乎所有的伟大创新一样，瓦特蒸汽机的发明也并非一帆风顺。1765 年瓦特最先通过改良纽科门的蒸汽机试制出单动式蒸汽机，但是因为效果不佳一直无法推广应用，而此时瓦特研究经费不足、债台高筑，几乎要放弃对改良蒸汽机的研究。后来瓦特的朋友介绍他认识了开采煤矿的企业家罗巴克，此时的罗巴克刚刚获得了一座煤矿的开采权，急需用于煤矿的抽水机。在知道瓦特的研究后，罗巴克对当时只有三十来岁的瓦特的新装置表示出极大兴趣，当即与瓦特签订合同，赞助瓦特进行新式蒸汽机的试制。合同约定罗巴克负责偿付瓦特的债务 1000 镑，并且提供必要的资金资助瓦特完成改良蒸汽机的研究和组织在工业上推广运用蒸汽机，罗巴克则获得利润的 2/3 作为报酬。这份合同在蒸汽史上开辟了一个时代，使得蒸汽走出实验室，进入到它即将大展身手的工业世界，企业家罗巴克的大胆创新精神起到了重要推动作用。

50 英镑纸币上的瓦特及博尔顿头像

尽管瓦特与罗巴克的初始合作可谓一拍即合，然而随着罗巴克经济困难的加剧，罗巴克与瓦特的合作不得不中断。此时另外一位经营五金器械厂的企业家博尔顿从濒临破产的罗巴克手中购得瓦特蒸汽机专利权的股份，并且于 1768 年邀请瓦特到他的索霍五金器械厂合作搞研发，终于在 1774 年瓦特的改良蒸汽机在索霍工厂试验成功。由于试验机器耗资巨大，此时的博尔顿也濒临破产，不过他依然倾尽全力支持瓦特的研究。随后又经过多年的技术改良，1781 年瓦特终于完成了对纽科门蒸汽机的第三次技术革新，最后瓦特改良的联动式蒸汽机被广泛应用到炼铁、冶金、纺织等领域。蒸汽机为工业发展提供了动力，直接改变了英国工业革命的进程，改变了英国的历史命运。博尔顿与瓦特的搭档成为商界传奇，博尔顿敏锐地察觉瓦特改良蒸汽机的潜在价值，义无反顾地支持和鼓励瓦特的发明，最终改变了世界历史的进程。

英国现在流通的50英镑纸币背面的头像就是瓦特和他的合伙人马修·博尔顿，两人获此殊荣，也是英国重视科学家与企业家的一个注脚。

历史上最成功的产业转型

第二次工业革命的主要标志之一就是汽车的发明及应用，但是正如历史上几乎所有重大发明一样，汽车的发明也是经历了曲折的诞生过程。卡尔·本茨于1844年出生在德国西部的卡尔斯鲁厄，是一名遗腹子。卡尔·本茨的父亲原是一位火车司机，但在他出生前的1843年因发生事故去世了。从中学开始本茨就迷上了自然科学，尤其喜欢物理。由于家境贫寒，小本茨不得不依靠给别人修理手表来赚取零用钱。1860年，卡尔·本茨在母亲的支持下进入了卡尔斯鲁厄综合科技学校，在这里他系统地学习了机械构造、机械原理、发动机制造、机械制造、经济核算等课程，尤其是接触了后来对他产生重大影响的"资本发明"理论，为日后创办工厂打下了基础。

在先后辗转了卡尔斯鲁厄机械厂学徒、制秤厂的设计师、桥梁建筑公司工长等工作后，1872年卡尔·本茨开始建立自己的工厂——奔驰铁器铸造和机械工厂，专门生产建筑材料。由于当时建筑业不景气，本茨工厂经营困难，面临倒闭危险，万般无奈之际，他想起了"资本发明"理论，决定转向可以获取高额利润的发动机制造业，以摆脱困境。在这场冒险开始后，本茨全力投入到了对发动机的研发当中，并领到了制造发动机的生产执照。为了避免之前容易出现的爆炸危险，本茨革新了发动机的构造，并在1879年发明了第一台单缸煤气发动机。

但这台发动机并没有改善奔驰公司的经济窘境，破产的威胁依然存在。经过几年拼命地工作，本茨一再改进设计方案，并获得了皇家摄影师比勒的资助，通过改进奥托四冲程发动机，终于研制成功了单缸汽油发动机。与对手不同的是，本茨将发动机安装在三轮车架上，并以此在1886年1月29日取得了世界上第一个"汽车制造专利权"，卡尔·本茨也因而被人们称为"汽车之父"。

世界上最早的汽车诞生于1885年10月，发明者卡尔·本茨在次年1月29日获得专利证书，正式标志着汽车的诞生。

"汽车之父"卡尔·本茨

　　然而事情并不像想象中那样顺利，由于当时欧洲封建宗教居于统治地位，这台在实验室诞生的三轮汽车被封建宗教界视为"怪物"，并预言这东西会毁灭人类，并要将卡尔·本茨送到宗教审判台进行审判，卡尔·本茨听到消息以后，不得不暂时逃到瑞士去避难。尽管后来卡尔·本茨将这台三轮汽车改进了很多次，可毛病还是不断，经常半路"抛锚"。由于担心在大庭广众面前出洋相，卡尔·本茨从来不敢开着它上路。就在这个关键时刻，卡尔·本茨的妻子贝瑞塔·林格站了出来充当了三轮汽车的测试司机，因而世界上第一位女司机就这样诞生了。1886年5月，贝瑞塔·林格驾驶卡尔·本茨半年前发明的三轮汽车几经波折终于成功到达 100 多公里外的目的地，然后她给丈夫发了一封电报："汽车经受住了考验，速申请参加慕尼黑博览会。"

不久之后，卡尔·本茨发明的三轮汽车在慕尼黑博览会上取得非常大的轰动，当时的报纸如此描述："星期六下午，人们怀着惊奇的目光看到一辆三轮马车在街上行走，前边没有马，也没有辕杆，车上只有一个男人，马车在自己行走，大街上的人们都惊奇万分。"慕尼黑博览会后，大批客户开始向本茨订购汽车。此后，本茨的事业一改颓势开始蓬勃发展，奔驰公司很快成为德国最大的汽车制造厂，开始生产名扬四海的奔驰汽车。在 1903 年，奔驰汽车公司与戴勒姆汽车公司合并，成立了戴勒姆奔驰公司，奔驰标志开始被人们所熟知，奔驰汽车从此成为世界上一流的汽车，畅销全球。卡尔·本茨花费了近二十年的时间，历尽艰难最终让一家濒临破产的建筑材料工厂成功转型为当时全球最大的汽车制造商，并创造了一个全新的汽车产业，让人类从几千年的马车时代迈进汽车时代，最终引发了全球新一轮交通革命。

濒临破产的 "硅谷钢铁侠"

在全球科技界，近年来有一位明星企业家，他所做的事情有可能与乔布斯一样可以改变世界，目前他完成了私人公司发射可回收火箭的壮举，与此同时他造出了全世界最好的电动汽车，取得这些成就之前，他还打造出世界上最大的网络支付平台，这个人就是有着"硅谷钢铁侠"之称的埃隆·马斯克。

埃隆·马斯克，1971 年 6 月 28 日出生于南非，从小就开始学习编程，并且爱好阅读，走上自学成才的道路。在 12 岁的时候，马斯克将他编程制作的首个视频游戏卖给了一家报社，赚到了 500 美元，这是他人生中的第一桶金。在 18 岁时，马斯克通过母亲的关系移民加拿大，随后依靠奖学金进入了美国宾夕法尼亚大学就读。大学时代，马斯克开始思考自己的人生意义在哪儿？以及什么最能影响人类的未来？他想出的答案是五件事：互联网、可持续能源、太空探索与多星球扩张、人工智能、人类基因密码重新编程。这为他日后开创惊人的科技事业埋下了梦想的种子。

在宾夕法尼亚大学取得经济学和物理学双学位之后，马斯克开启了他的创业冒险旅程，他最先涉足的是刚刚在美国兴起的互联网事业。1995 年马斯克与兄弟 Kimbal 合作创办了一家互联网黄页公司 Zip2。经过几年的艰难运营，1999 年 PC 巨头康柏公司以 3.07 亿美元收购了 Zip2，当时年仅 27 岁的马斯克赚到了人生第一笔巨额财富 2200 万美金。随后，马斯克又将他大部分的资金用来进行第二次创业，这次他创办了一家名为 X.com 的网上银行，不久之后 X.com 与互联网金融公司 Confinity 进行合并，并且改名为今天大名鼎鼎的网络支付平台 PayPal。2002 年，电商巨头 eBay 以 15 亿美元的价格收购了 PayPal，马斯克的财富再次获得大量增值。

实际上，在互联网事业蒸蒸日上之时，马斯克已经在着手实践他的其他梦想，并且一发不可收拾。2002 年，马斯克出资 1 亿美元开了一家名为 SpaceX 的火箭公司，目标是将火箭发射费用降低到商业航天发射市场的 1/10，并计划在未来研制世界最大的火箭，用于星际移民。2004 年，马斯克又投资开了一家名叫特斯拉的电动汽车公司，目标在于通过加速发展电动汽车来彻底改变全球汽车产业。2006 年，马斯克出资 1000 万美元与表兄弟合伙开了一家名为 SolarCity 的新能源公司，希望通过在千家万户安装一种大型的、分布式的太阳能面板系统，彻底改变耗能产品、大幅降低石化燃料产生的电力消费，并最终加速可持续能源时代的到来。在卖掉 PayPal 公司的股权之后，马斯克一口气在火箭、电动汽车、太阳能三个领域连续投下巨资创办了新项目，这些项目任何一个最终如果取得成功都将可能改变世界。

然而，没有人能随随便便成功，新投入的几个项目很长一段时间发展都不顺畅，随后 2008 年全球金融风暴来袭，马斯克从人生高峰跌进了人生最低谷。当马斯克浏览 SpaceX 和特斯拉的财政状况时，发现只有一家公司有机会存活下来。"我只能选择 SpaceX 或者特斯拉中的一个，或者将资金分成两半。"马斯克说。为了让他的两家公司暂时渡过难关，马斯克紧急卖掉了房子，卖掉了私人飞机，卖掉了麦克拉伦 F1 跑车，为两家濒临破产的新公司筹措资金忙得焦头烂额。

SpaceX 公司制造的全球首枚可回收火箭

由于 SpaceX 公司前三次发射火箭都在进入轨道之前失败，如果第四次发射也失败的话，SpaceX 公司将不得不宣告破产，因为马斯克剩余的资金只够一次火箭发射了。为了能够引入投资和发射合同，SpaceX 必须抓住最后一次仅有的机会证明他们能够成功发射火箭。同时，马斯克在湾区的另一家公司——特斯拉电动汽车，也濒临破产。因为他们推出了第一辆电动汽车 Tesla Roadster，然而外界均不看好这款车。

幸运的是，SpaceX 公司经历三次失败之后，第四次发射终于成功了，随后获得了美国航空航天局的 16 亿美元的合同，从而惊险逃过了破产的命运。目前美国航空航天局已是 SpaceX 的长期客户之一，因为它创造了私营公司航空运输成本最低的历史，并且 SpaceX 的太空舱能够成功与国际空间站对接后返回地球，开启了太空运载的私人运营时代。直到今天，世界上掌握了航天器发射回收技术的国家（机构）只有四个：美国、俄罗斯、中国，还有马斯克的 Space X。更重要的是，SpaceX 的"猎鹰 9 号"火箭是人类第一个可实现一级火箭回收的轨道飞行器，从而有望将大约 6000 万美元的火箭发射成本下降 90%，这可能是航天发射的一场革命。

在 SpaceX 公司成功逃过一劫之后，马斯克的特斯拉电动汽车公司也在破产前成功融到了一笔资金，马斯克再次与破产擦肩而过。随后特斯拉推出了热销的 Model S 车型一举扭转局势，并且这家濒临破产的特斯拉汽车公司于 2010 年在纳斯达克成功上市，市值最高达 300亿美元。特斯拉汽车目前已经成为全球电动汽车的明星企业，无论是整车性能还是市场受欢迎程度，都称得上是全球新能源汽车的标杆，它的问世正给百年历史的传统汽车产业带来一场智能汽车革命。

在经历了两次破产危机之后，重生的马斯克依然没有放慢创新的脚步，他不但把太阳能公司 SolarCity 推动上市，并且还在 2013 年投资创立了超级高铁项目"Hyperloop"。尽管这些项目都很烧钱，而且他个人现金流也时常紧张，但是对于未来科技的投资却非常慷慨。2016年5月 Hyperloop 公司的超级高铁推进系统首次户外测试成功，测试的最终速度达到 400 英里每小时（约合 640 公里／小时）。超级高铁可能将很快在迪拜施工建设，从迪拜到阿联酋首都阿布扎比，全长约 164公里，超级高铁只需要 12 分钟，而大巴通常要用 2.5 小时，汽车大约要用 1.5 小时。如果马斯克的超级高铁能够成功落地运行，那么也可能会掀起全球的新一轮交通革命，这个影响甚至不亚于火车、飞机的发明。

纵观工业革命以来人类两百多年的科技发展史，马斯克凭个人一己之力在近 20 年中先后在信息、交通及能源三大科技领域都做出了革命性的技术创新，这在全球科技界是极其罕见的。太空火箭、电动汽车、太阳能发电、超级高铁以及火星移民计划，任何一个领域都是国家级的事业，马斯克却能独立挑战这一切，因而他也被美国时代周刊称为"当今最伟大的创新者"，他所做的每一件事情都有可能改变世界，以致改变人类历史的进程。

负债千亿的世界首富

在过去数十年的这一波互联网科技浪潮，有一个人用资本建起了他的全球互联网帝国，被美国《商业周刊》杂志称为"电子时代大帝"，他就是日本软银集团创始人孙正义。孙正义 1957 年出生于日本，祖籍是福建莆田，祖先从中国迁徙到韩国，到了孙正义祖父一代，又迁至了日本九州。孙正义最终加入日本国籍，并改回祖姓"孙"，自称出自春秋时代的著名兵法家孙武的一族。

孙正义 16 岁赴美留学，在加州大学伯克利分校攻读经济学。在大学期间，孙正义就展示出超群的创造天赋，各种发明大大小小累计达 250 项，还把其中的一项——"多国语言翻译机"以 1 亿日元卖给了日本夏普公司，从而挖到了人生的第一桶金。

孙正义从美国毕业后回到日本，1981 年成立了软银公司，主要业务是电脑软件的流通买卖，当时的注册资本只有 1000 万日元。那时公司的屋顶只是一层镀锌铁皮，屋里一个装苹果的箱子被当做演讲台，年仅 24 岁的孙正义就是站在这个"讲台"上，饱含激情地对他仅有的两个员工演讲："公司营业额 5 年要达到 100 亿日元，10 年要达到 500 亿日元。"这两个员工以为老板是个骗子，第二天就都辞职跑了！

尽管孙正义的梦想一开始听上去并不靠谱，但是他的互联网事业还是逐步走上了正轨。1995 年，软银科技投资公司正式成立，从此孙正义就开始疯狂地收购兼并，投出了一个构筑在互联网产业之上的商业帝国。5 年内，孙正义在全球投资了超过 450 家互联网公司。他投资的中国互联网公司名单包括：雅虎、阿里巴巴、UT–斯达康、新浪、网易、盛大网络、人人网、当当网、PPTV、携程网、博客中国、千橡集团、完美时空……而在他投资的全球数百家公司中，最有名的就是雅虎和阿里巴巴，这两家公司让他赚得盆满钵满。1996 年雅虎上市后，孙正义仅抛售了 5% 的股份，就套现了 4.5 亿美元。当初他在 1995 年向雅虎公司投资 100 万美元时，雅虎只有 5 个员工。2014 年 9 月 19 日，阿里巴巴以 218 亿美元的筹资额登陆美股，成为美股史上最大 IPO，上市首日市值超 2300 亿美元，超越 Facebook 成为仅次于 Google 的全球第二大互联网公司。因持有大量阿里巴巴股票，孙正义在投资阿里巴巴的 14 年间获利超过 1000 倍，身价暴涨至 166 亿美元，从而登上了日本首富的宝座。

在孙正义的大肆收购下，软银集团的市值飙升到 990 亿美元，成为了日本最大的公司，掌握了日本 70% 的互联网经济。2000 年，孙正义的股票曾经有一天狂涨，个人资产超过了比尔·盖茨，当了一天（只有一天）的世

1999 年孙正义向马云投资 3500 万美元

界首富！在日本，软银集团不仅拥有最受欢迎的搜索引擎（雅虎搜索）、电子商务（雅虎拍卖网站 + 购物网站）、最大的门户（雅虎日本），它还经营着日本增长最快的移动运营商（沃达丰日本），软银还是日本唯一的苹果 iPhone 手机运营商，以及唯一为 iPad 提供数据服务的企业。

不过，庞大的软银帝国也不是没有遇到任何危机。2012 年，软银斥资 200 亿美元收购了美国知名电信运营商 Sprint，孙正义本想将其与美国第四大运营商 T-Mobile 合并，打造一支新的电信龙头，称霸

市场，然而这个计划因美国反垄断调查而终止。自那以后，软银的噩梦就开始了。

公开数据显示，Sprint 在过去 10 年的大部分时间都在亏损，2015 年 Sprint 负债至近 300 亿美元，超过自身市值的 100 亿美元，作为大股东软银集团不得不为 Sprint 进行巨额注资输血，从而严重拖累软银集团的整体发展。自 2013 年以来，软银一直债台高筑。根据彭博统计的数据，软银已身负超过 1000 亿美元的债务。因为债务规模过于庞大，美国评级机构穆迪已把软银的长期信用评级降至垃圾级。

为了降低软银的巨额债务，断臂求生，孙正义忍痛割爱，将自己持有的阿里巴巴股票抛售套现 100 亿美元，这是孙正义自 16 年前投资阿里巴巴以来，首次抛售这家中国电商巨头的股票。此外，软银还将持有的全球最赚钱的手游公司芬兰游戏开发商 Supercell 的股份全部转卖给腾讯，以获得更多资金。

就在市场一直在猜测软银大量抛售股票套现的动机时，2016年 7 月，软银集团宣布以 320 亿美元收购英国芯片巨头 ARM，后者是全球移动处理器领域最重要的企业。ARM 公司构建的处理器平台支撑着目前全球 95% 以上的智能手机运转，无论是 iPhone、iWatch，还是诺基亚旗下最便宜的机型，其内部几乎都含有 ARM芯片，而且大部分的物联网智能设备都少不了 ARM 芯片的支持。由此看来，尽管已身负超过 1000 亿美元的债务，但是孙正义并没有停下对外投资的脚步，收购 ARM 就是加快对未来物联网及人工智能产业的深入布局。

随着智能化浪潮的来临，根据孙正义的最新预见，人类、设备和互联网将会更为紧密地结合在一起。为了抓住这一波新科技浪潮的机会，软银与沙特政府联合宣布建立 1000 亿美元科技基金，其中软银将出资 250 亿美元，沙特则承诺投入 450 亿美元，剩下的 300 亿美元另外寻找投资人入股。这是有史以来建立的全球规模最大的私募基金，相当于美国风投行业在过去 30 年的融资总和，如果该计划得以落地执行，那么相当于再造一个全球风险投资产业，将对未来数十年全球科技产业发展产生重大影响。

第十七章
科技创新的前沿视角

新技术革命来临的先兆

当前以科技网站、科技自媒体、科技活动及创客空间为代表的全球科技文化兴起、科技创新空前活跃，这是继文艺复兴、科学革命之后全球最大的一次科技文化复兴，可以说这是新一轮科技革命与产业变革来临的先兆。历史事实证明，每当一种思想文化大规模兴起流行的时候，接下来将是一场社会大变革，波及社会生产、生活各个领域，典型的例子就是 16 世纪欧洲文艺复兴之后一百多年迎来了第一次工业革命，19 世纪第二次印刷革命及电学理论兴起之后不久迎来了第二次工业革命，20 世纪初光电效应等理论提出之后不久迎来了第三次工业革命，这是人类认知能力提升之后的必然结果。从美国、中国、日本、韩国及欧洲等多个国家和地区的技术发展趋势看到，当前全球制造业正面临一场全新的科技变革，以移动互联网、物联网及人工智能等新一代信息技术为代表的智能化浪潮正奔袭而来，使过去冰冷的机器变得更加智能化、轻巧化及人性化，智能化浪潮正冲击社会的各个领域。

"科学技术是第一生产力"在中国很早就被提出，但是全社会对科技进步重要性的认识以及大众对科技事件的关注度也是近几年才有明显提升。在很长一段时间，中国媒体对科技领域缺乏足够关注，比如中国发行量最大的都市报、晚报等，几乎都没有设置科学新闻的版面，每个新闻单位时政记者、娱乐记者、体育记者和财经记者都成为标配，但鲜有科技记者。报纸上即使有科技新闻，一般也是安排在比较靠后的版面，篇幅不大，可读性更不强。亚马逊、当当网、京东商城等知名购书网站热销的 TMT 类书籍多数是引进欧美发达国家的知名作者出版的中译版本，国内有全球影响力的科技作者寥寥无几，中国社会科技文化的苍白可见一斑。美国硅谷已经成为今天全球科技文化的心脏，这里不断诞生影响全球的新技术、新创意以及创新科技巨头企业。美国好莱坞不仅仅是全球影视文化中心，更是全球科技文化传播的前沿阵地，很多经典的好莱坞科幻大片不仅影响了几代人，也对全球科技进步产生了重大启发作用，以致在电影里遥不可及的科幻梦想如今很多已经成为现实。相比之下，当我们在大力建设文化大国、文化强国，努力做大做强文化创意产业的时候，政策着力点依然更多集中于影视娱乐、动漫、游戏及网络文学方面，而往往忽略了科技文化的建设以及公众科学素养的提升。

全球科技文化的心脏——美国硅谷

公众科学素养是评价一个国家国民综合素质的重要指标，具体指公民了解必要的科学知识，具备科学精神和科学世界观以及用科学态度和科学方法判断、处理各种事务的能力。公众科学素养的概念是在 1979 年时任美国伊利诺伊大学公众舆论研究所所长米勒提出。科学是人类文化中最精彩的一部分，也是唯一的全球性文化。因为无论一个人属于哪个国家、哪个民族，信仰哪个宗教，科学中包括分子、原子、蛋白质、基因、计算机和大陆漂移学说等知识对所有人都是一样的，科学无国界，科学成果最终可由全人类无国界的分享。

1985 年，美国科促会邀请了约 400 位国内外著名的科学家、教授、教师以及科学、教育机构的负责人来帮助塑造美国教育的未来。这些人员用了近 4 年的时间，于 1989 年公布了一份关于如何提高科学素养的重要文件，题为《面向全体美国人的科学》，同年由牛津大学出版社出版。这部具有划时代意义的文献成为美国"2061 计划"纲领性文献和日后众多科学教育研究成果的基础，"2061计划"也被誉为"美国历史上最显著的科学教育改革之一"。《面向全体美国人的科学》描述了在科学和技术形成的社会里所有公民应该具备哪些知识和思维方式，讨论了科学和技术的产生，描述了科学和技术的性质和构成。该书重点指出：如果广大公众不了解科学、数学和技术，以及没有科学的思维习惯，科学技术提高生活的潜力就不能发挥。没有科学素养的民众，美好生活的前景是没有指望的。

我国从1992年开始引进和开启公众科学素养调查，至今为止已经进行9次。调查结果显示，我国公众中具有科学素养人口的比例，近20年来在稳步上升，但比较缓慢，仅相当于美国、日本、加拿大、欧盟等发达国家和地区20世纪90年代的水平，有25~30年的差距。中国科学技术协会开展的第九次中国公民科学素质抽样调查显示，2015年我国具备科学素质的公民比例仅为6.2%。而美国的这一比例在2000年时就已高达17%，2006年已经达到28%。可见，中美两国公众科学素养差距之大令人震惊，这是中国未来建设创新型国家的一个重大考验。不过，由于智能手机的普及和移动互联网的兴起，中国公众利用互联网等新兴媒体获取科技信息的便利性大幅提升，再加上近年来科技网站、科技自媒体等群体兴起，以及内容创业推动的知识经济繁荣也加速了科技文化的传播，对提升公众科学素养有重大推动作用。如果说娱乐文化是社会生活的调料，那么科学文化就是社会科技进步的阶梯，科学文化的繁荣程度往往也是一个国家科技创新活力的标志。中国不仅需要一个能不断涌现科技创新思想及科技成果的"硅谷"，更需要一个能不断传播科学文化的"好莱坞"，这是社会科技进步的必然要求，也是建设创新型国家的基础。

产业政策如何促进科技创新

国内有不少经济学家在争论经济发展过程中是否需要产业政策的支持，比如北大的三位教授张维迎、林毅夫和黄益平。其中张维迎教授认为，由于人类认知能力的限制以及激励机制的扭曲，产业政策的失败是必然的，因而呼吁政府废除一切形式的产业政策。实际上，技术趋势和新兴产业是可以事先预见的，真正难以预见的是新兴产业中具体哪些企业会最终取得成功，这也是很多风险投资既投资"选手"也投资"赛道"的重要原因。同时，历史上有很多产业政策对技术进步产生过重大推动作用。比如第一次工业革命期间英国针对纺织业的产业政策，第二次工业革命期间美国对电力及汽车产业的支持政策，还有20世纪90年代克林顿的"信息高速公路"计划等，这些产业政策都取得了远超预期的政策效果，对当时新兴产业的发展起到很关键的推动作用。

一般情况下，如果一个新兴行业还有重要的技术瓶颈无法攻克，那么政策上更应该激励企业做技术上的突破，而不是通过财政补贴来创造需求，让不成熟的技术得到广泛推广，否则一旦政策调整则可能导致产业泡沫破裂，过去几年光伏产业的全球性危机就是典型案例。又比如页岩气革命的产生是源于水平钻井及水力压裂技术取得了突破，让页岩气产量大增同时成本快速下降从而具备市场竞争力，而不是因为美国政府的巨额财政补贴。如果美国政府从20世纪70年代起就开始通过财政补贴推广落后的页岩气开采技术，那么很可能水力压裂技术也止步不前，也就没有后来的页岩气及页岩油革命，这将是人类能源历史上最大的遗憾。

就中国的情况而言，近年来经济增速持续下滑的压力较大，稳增长被放在更加突出的位置，迫切需要通过产业政策推动经济结构转型升级。一方面，随着中国劳动力人口增长的急剧放缓，过去三十多年依靠低成本劳动力发展起来的加工贸易等低端制造业成本优势已经丧失，这些产业都正加速向越南、泰国、印度等成本更加低廉的国家转移，这对中国的传统制造业规模及就业市场产生重大影响。另一方面，为了提振本国经济和增加就业，欧美发达国家纷纷出台新政策推动跨国公司高端制造业向本国回流，这进一步推动中国境内跨国企业规模的收缩，对中国的外商直接投资产生重大影响。波士顿咨询公司研究数据称，当前制造业成本最低的国家依次为印度尼西亚、印度、墨西哥、泰国、中国，并且墨西哥、美国等国家由于劳动生产率提高和能源成本优势明显，制造成本优势逐渐显现，国际产业分工格局正在重塑。在面临着低端制造业跨国转移与高端制造业回流欧美的双重压力，中国传统经济增长的模式面临重大挑战，制造业急需转型升级，这就需要产业政策的引导。

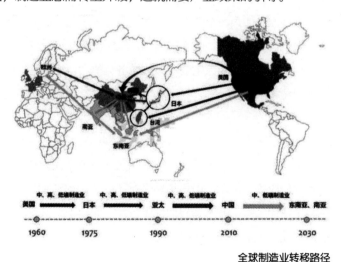

全球制造业转移路径

根据发达国家的经验，服务业占GDP的比重发达国家大部分达到70%以上，比如2012年服务业占比分别是：美国79.7%、法国79.8%、英国78.2%、日本71.4%、德国71.1%。中国的第三产业（服务业）增加值在2013年GDP中占比提高到46.1%，服务业首次超过了第二产业，这说明了近年来中国的产业结构调整取得了不错成效，很多人为此欢欣鼓舞。但是需要注意的是，发达国家制造业的低端生产加工环节多数已经迁移海外发展中国家，而将研发设计及市场营销等高附加值环节保留在国内，所以本国第三产业主要是依附第二产业出现的服务业，这跟中国制造业普遍"两头在外"仅有生产加工环节在国内的产业模式刚好相反，因而中国目前服务业的规模及质量都远远比不上发达国家水平。表面上看发达国家服务业占GDP比例非常高，实际上没有被纳入统计的第二产业制造业遍布全球主要发展中国家，这是发达国家产业结构中看不见的部分，也最容易被人忽略。实际上发达国家制造业与服务业是并驾齐驱的产业，只是后者主要分布在国内，而前者遍布全球，并且能为其所掌控。如果一个国家生产性服务业占比过低而非生产性服务业膨胀，则社会资本容易"脱实向虚"，最后出现实体经济不振及制造业空心化的现象，这将大大削弱本国的经济竞争力，尤其是对发展基础还不牢固的发展中国家经济影响可能会更加明显。

纵观过去200多年近代人类科技发展历史，过去人类无意识地经历了三次产业革命，而正在到来的第四次工业革命最大特点是人类有意识地采取相应措施推动、引导和加速新产业革命的到来。近十年来，世界主要工业化国家都非常密集地推出各种产业政策，提升本国在一些新兴战略产业领域的全球竞争优势，以争取技术主导权。与过去三次产业革命类似，第四次工业革命产生技术突破性创新的领域也主要集中在新一代信息技术、新能源及新交通技术领域，同时还在衍生的新材料、生物医疗等多个方面有所体现，具体表现为人工智能、VR/AR、5G 通信、工业 4.0、新能源汽车、无人驾驶、可再生能源、石墨烯材料、基因测序等细分技术领域。这是人类文明继机械化、电气化及信息化之后的一次大规模的智能化浪潮，将对人类生产及生活方式产生革命性影响。

如果再深入分析产业变革的直接原因，我们又会惊人地发现，历史上的三次产业革命最大的推动力都来自新能源技术的突破，比如第一次工业革命的蒸汽机，第二次工业革命的电力与内燃机，第三次工业革命的原子能（早期电子计算机设计目的是用于计算原子弹的爆炸当量、导弹的轨道计算等，并且现代电子计算机的架构由核能科学家冯·诺依曼提出）。当前，无论是智能手机、VR/AR 及无人机等智能硬件，还是电动汽车、光伏储能等新能源应用，低效率的传统电池技术已经成为新兴产业发展的最大瓶颈。比如目前智能手机的芯片性能比十年前提升了数十上百倍，但是手机电池依然是采用诺基亚功能机时代的锂电池；VR/AR 及无人机的续航能力较差严重制约了智能硬件的体积优化及应用推广。特斯拉电动汽车采用了目前最先进的智能控制技术，但是电池动力采用的却是 20 世纪 90 年代日本索尼研发的 18650 锂电池。因此，第四次工业革命非常需要新能源技术的突破，目前包括欧美中日韩等经济体纷纷通过产业政策引导资本大力投入石墨烯、氢燃料、太阳能等新型电池技术的研发，一旦未来高效能电池技术取得突破（比如性能效率是目前锂电池的十倍以上），那么以智能硬件、电动汽车、光伏储能等为代表的新一代信息技术、能源技术及交通技术相关的新兴产业将出现爆炸性增长，有望成为未来二三十年拉动全球经济增长的新引擎。

从世界 500 强榜单读懂什么

　　根据《财富》杂志发布的 2016 年世界 500 强榜单数据，经过统计分析，我们惊讶地发现，世界 500 强可以划分到信息技术、能源技术、交通技术范畴的企业一共有 196 家，大约占 500 强企业的 39%。其中，500 强企业排名前 10 的企业里面有 6 家能源企业、2 家交通企业、1 家信息技术企业，而排名前 100 位的企业中有 44 家属于这三个领域。可见，科技发展"三驾马车"今天依然在全球经济中扮演着重要角色。同时，我们也对比了 1996 年的世界 500 强榜单数据，进入榜单的企业类型分布与当前数据相比并无太大差别。我们无法确定 100 年前的 20 世纪初是否存在这样的

2016年排名	公司名称	行业	营业收额	利润金额	国家
1	沃尔玛	零售	482,130	14,694	美国
2	国家电网公司	能源	329,601.3	10,201.4	中国
3	中国石油天然气集团公司	能源	299,270.6	7,090.6	中国
4	中国石油化工集团公司	能源	294,344.4	3,594.8	中国
5	荷兰皇家壳牌石油公司	能源	272,156	1,939	荷兰
6	埃克森美孚	能源	246,204	16,150	美国
7	大众公司	交通	236,599.8	-1,519.7	德国
8	丰田汽车公司	交通	236,591.6	19,264.2	日本
9	苹果公司（APPLE）	信息	233,715	53,394	美国
10	英国石油公司（BP）	能源	225,982	-6,482	英国
11	伯克希尔-哈撒韦公司	金融	210,821	24,083	美国
12	麦克森公司	医疗	192,487	2,258	美国
13	三星电子	信息	177,440.2	16,531.9	韩国
14	嘉能可	贸易	170,497	-4,964	瑞士
15	中国工商银行	金融	167,227.2	44,098.2	中国
16	戴姆勒股份公司	交通	165,800.2	9,344.5	德国
17	联合健康集团	医疗	157,107	5,813	美国
18	CVS Health 公司	医疗	153,290	5,237	美国
19	EXOR 集团	交通	152,591	825.3	意大利
20	通用汽车公司	交通	152,356	9,687	美国

2016 年《财富》世界 500 强榜单前 20 名

智能化浪潮：
正在爆发的第四次工业革命

榜单，如果有的话，像 AT&T、通用电气、标准石油、福特、奔驰这样一批最早期的信息、能源及交通技术企业应当也是世界 500 强的座上宾。

此外，2016 年世界 500 强榜单中金融服务、零售消费及医疗健康这三大领域的企业也是占了较大比例，其中金融服务占了近 20%，位居所有行业榜首。榜单排名前列的这六大领域几乎占据了世界 500 强企业的 80% 份额，它们对全球经济发展及人类科技进步产生了重大影响。

在这份世界 500 强榜单中，苹果公司以 534 亿美元的利润成为全球最赚钱的企业，而中国最赚钱的企业是利润为 440 亿美元的工商银行。令人惊讶的是，榜单排名前十的公司中，仅有苹果公司在 2016 年实现了年营收正增长，其余 9 家企业年营收全部出现负增长，这表明全球经济形势依然严峻，新旧经济正在切换。从行业分布看，美国、日本、韩国等发达国家入围的 500 强企业很大比例集中在电子信息、互联网、现代制造业、医疗、零售这些代表现代经济未来发展方向的领域。而中国入围的 110 家企业，总体上集中分布在金融、石油、电力、钢铁、汽车、煤炭、有色金属等领域，而且这一状况多年未变。不过，2016 年中国新上榜的民企有电商巨头京东、家电巨头美的及食品巨头万洲国际，也许这预示着以后榜单中的中国企业类型将开始发生微妙变化。

《财富》杂志还设置了 2016 年中国 500 强榜单，与世界 500 强榜单进行对比，中国榜单有明显的中国特色，比如房地产企业数量位居所有行业首位，占比近 10%，其次是金属等资源性企业，排名第三的是机械制造业，这三大行业占据中国 500 强企业的 25%。其中，中国 500 强企业排名前 10 的企业里面有 3 家金融服务企业、3 家交通企业、2 家能源企业、1 家信息技术企业、1 家基建企业，总体上分布较分散。从行业分类占比看，中国经济过去 30 多年严重依赖房地产、钢铁及有色金属、机械制造等行业，这些行业主要靠投资驱动，并且耗费大量土地、矿产等自然资源，总体上技术进步对中国经济增长的贡献率依然较低。

穆迪及瑞士信贷的研究显示，中国房地产市场规模占 GDP 的比高于美国峰值时期，与西班牙和爱尔兰的峰值时期相当，中国直接和间接房地产市场规模占 GDP 的 23%。从历史上看，投资占中国 GDP 的比重比任何国家都高，甚至比很多国家工业化时期还高，恰好反映出中国过去 30 多年主要靠投资驱动实现的经济高速增长。据美国地质调查局统计，中国在过去三年内消费的水泥量比美国在整个 20 世纪内消费的还多。很显然，依靠投资驱动的经济高速增长难以持续，只有转变经济发展方式、调整经济结构才能实现可持续发展，尤其是要将科技创新摆在更加突出的位置。纵观世界 500 强企业发展史，无一不是在拥有或利用世界顶尖的科技力量，即使是资源型企业，也是使用全球最先进的开采、炼化和运输设备。近几十年来推动全球经济增长的新信息技术、新能源及新交通技术等高新科技行业在中国还处在发展初期，与传统垄断型资源企业相比总体规模还较小，但是发展势头迅猛，未来具备巨大的发展空间。

21 世纪真是生物学的世纪吗

20 世纪 80 年代初，曾经有人预言"21 世纪将是生物学的世纪"，从中学到大学很多学生教材里也常常能看到这样的观点。欧盟委员会2003年在《欧洲生命科学和生物技术产业发展战略》中明确指出："生物技术是下一个技术革命，是知识经济和循环经济的支柱。"美国作家奥利弗在其2003年出版的著作《即将到来的生物科技时代》中提到"生物物质时代将作为经济的新引擎而超越信息时代，预计到21世纪中叶，所有公司都会变成生物物质公司"。前世界首富比尔·盖茨也曾经预言："下一个首富可能是从事生物技术的投资者。"既然大家都很看好生物技术领域，那么21世纪到底是不是生物学的世纪呢？为什么当前大众的真实感受与教育知识及社会舆论所带来的认知会有很大的偏差？

生物学是一门基础自然学科，主要研究生命现象和生命活动规律。人类的生活处处都离不开生物学，它是农学、医学、林学、环境科学等学科的基础，对社会的发展及人类生活及健康产生重大的影响。因此，世界上很多国家特别是发达国家，对生物技术非常重视，尤其是对人类自身健康息息相关的生命科学研究，毕竟人类对大脑运行机理、癌症防治及基因治疗等领域的了解还处在非常初级的阶段。目前生命科学已经发展成为21世纪最活跃的学科之一，成了自然科学的前沿学科，也是全球新兴战略产业的重要组成部分。2015年全球经济增长率约为3.3%，而生物经济增长率达30%左右，其增长速度接近世界经济增长率的10倍。在全球权威学术期刊《科学》近几年评选的全球十大科技进展中，一半以上的研究成果都来自生命科学领域。过去100多年间颁发的106次诺贝尔化学奖中，获奖最多的是生物化学领域，有50次与该领域相关。

尽管生物技术研究发展迅速而且未来应用潜力巨大，无论是科学家、政府还是社会舆论都对该领域热情不减，但是过去半个世纪以来生物技术产业的发展是远远不及大众预期的，造成了社会认知与实际发展水平的落差非常大。美国是现代生物技术产业的发源地和领导者，经过数十年大规模的持续投入，开发产品的种类和销售额约占全球 70% 以上，培养和雇佣了全球 75% 以上的生命科学领域的博士，包揽了《自然》与《科学》两大全球顶尖学术期刊中 90% 的关于生命科学领域的研究文章。尽管如此，2011 年美国生物技术企业总收入为588 亿美元，并没有像汽车、钢铁、计算机等千亿美元规模的大产业一样成为美国的支柱产业，并且在 2009 年之前，大部分的美国生物技术企业都处于亏损状态。

　　工业革命以来，蒸汽机的发明带来了火车和轮船的诞生，从而推动了铁路、港口、钢铁等产业的快速增长；内燃机及电力的问世催生出汽车及电器产品，带动了公路、电网等基础设施投资；计算机及互联网的发明和广泛使用推动了半导体、软件及电子商务等信息技术产业的爆发；而生物技术的出现半个世纪来却一直未有呈现出类似火车、汽车及计算机产业这样的爆发力，无论是自身产业规模还是对周边产业的带动作用都远远比不上过去三次产业革命中的典型行业。尽管新兴的生物技术产业规模很小，发展很慢，但是医疗健康服务在很多国家都是一个大产业。公开数据显示，2012 年美国医疗卫生费用总支出2.75 万亿美元，占 GDP 比重高达 16.9%，居世界第一，医疗健康服务很多年前就一直是美国的第一大产业。福布斯公布的 2015 年美国十大并购交易案例中医疗健康领域占 3 席，其余各项交易涉及了保险、能源等多个行业。

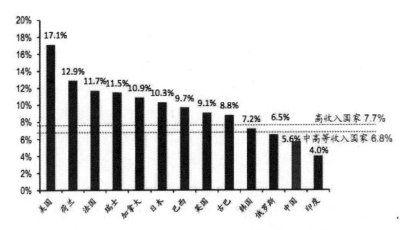

2014 年部分国家医疗卫生费用占 GDP 比例

不可否认，鉴于医疗健康服务是一个大市场，生物技术未来具有巨大的发展潜力，但是短期缺乏爆发力，根本原因在于生物技术是一个具有高投入、高风险、高回报及长周期特性的新兴行业。生物技术产业的发展高度依赖生命科学的突破和生物技术的进步，因而即使《自然》与《科学》等权威杂志每年都有大量生命科学领域相关研究成果涌现，但是这些要转化成市场产品还需要很长的产业化周期，这是一个典型的慢工出细活的领域。有研究显示，在航天、计算机、半导体、化工、汽车、生物技术等产业中，生物技术产业和科学技术的关联度最高，其关联数为 6.13；航天工业次之，为 2.7；关联度最小的是汽车行业，为 0.12。同时，生物技术公司的研发经费投入比例高，而且在整个生物技术产业中，研发型生物技术公司占有相当大的比例。以美国生物技术产业为例，1996 年 ~2003 年整个产业研发费用占销售额的比例超过 50%，美国每年投入到生物技术的研发经费为 79 亿 ~100亿美元，而全球研发预算最高的 15 家生物技术上市公司，每年研发支出相加总额大概为 100 亿美元。

英国葛兰素史克公司在 1997 年~2011 年间获批 10 种新药，每个药的周期都在 10 年以上，总支出 817 亿美元，相当于每种新药都是 10 年 80 亿美元的研发投入。不过，近年来新药获批的数量有明显加速趋势，葛兰素史克公司在 2008 年~2013 年的 6 年间累计获得批准的新药数量达到了 20 种，位居所有大型制药公司获批准药物数量排行榜的榜首。实际上，在大型医药公司每年投入的数十亿美元的新药研发中，最终失败的药物比比皆是，但是一旦某种新药获得成功则每年可带来数亿甚至上百亿美元的收入。

根据 IMS 统计数据，2007 年只有两个生物药挤入全球销售前十名，而截至 2013 年全球药品销售的前十位，生物药物占据了 7 个，其中雅培生命的抗肿瘤药物阿达木单抗（修美乐）以 106 亿美元的销售额排名第一。目前全球生物技术药物销售占比在逐年提升，2006 年销售占比仅为 6%，2013 年升至 45%，预计到 2020 年可至 52%。欧美众多大型跨国制药公司近二三十年来的发展历程，充分体现了生物技术产业具有高投入、高风险、高回报及长周期的行业特点，这是行业从业者及产业政策制定者需要认真面对的问题，不要高估行业短期内的发展前景，也不要低估行业长期的未来发展潜力。

随着各国老龄化社会的到来，人们对医疗健康服务的需求将有望出现快速增长，而且由于云计算、大数据等信息技术与生物医疗技术的结合，基因治疗、精准医疗、智能医疗等细分领域有望在未来十年掀起发展高潮，这是医疗健康领域下一个重点发展方向，它们远比生物技术更具想象空间。

新技术将如何掀起医疗革命

人类的生存发展面临最大的挑战就是疾病的困扰，每个人都希望自己能活得更健康、更长久，但是很多难以治愈的疾病总是不期而至，夺去了很多人的生命。过去，我们在治愈疾病上花的钱比先期预防上花的钱要多50倍。这样花钱的逻辑是大家都认为人类早晚是要得病的。于是人们尽可能发展治的科学，最终结果是人们的钱都花在治病上，而不是花在根除疾病上。不过，随着技术的发展，这种沿用了数百年的陈旧思想正在被时代抛弃。Facebook CEO 马克·扎克伯格及其妻子普里西拉·陈承诺，将在未来10年中投入超过30亿美元，资助科学家们攻克世界上所有的疾病，他们希望在孩子的有生之年里人类可以实现所有疾病的治疗、预防和管理。扎克伯格在自己的facebook主页上公布了这项雄心勃勃的计划，他认为如果世界通力合作，把科学家和工程师们聚在一起创造新工具，我们就能加速在治愈这些主要疾病领域的科学突破，然后我们就能一往无前，直到治愈所有疾病。

实际上，在过去的一个世纪里，通过日新月异的医疗科学和公共健康体系，人类的平均寿命以每4年增长1岁的速度在延长。如果这个趋势能一直延续下去的话，到21世纪末人类的平均寿命将达到100岁。这就意味着我们将会治愈、控制住那些阻碍人类活到100岁的疾病。

面对飞速发展的科学技术，扎克伯格认为对于未来人类能活到100岁表示非常乐观。

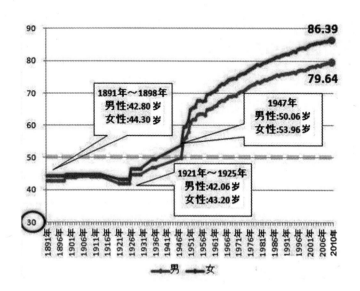

日本人平均寿命统计（1891年~2010年）

　　纵观医学发展史，医学成为一个成体系的现代科学，大概只有100年左右的时间，但是我们已经取得了难以置信的进步。在之前的4000年里，人类对于如何治病只取得了一丁点的进步。在农业社会里，有1/4~1/3的儿童无法活到成年，他们多数都死于儿童期疾病，例如白喉、麻疹和天花。在17世纪的英国，每1000个新生儿就有150个无法活到1岁，而且1/3的儿童无法活到15岁，这对于父母来说是非常残酷的人生打击。在工业革命之前，人类对很多突发的烈性传染病完全束手无策，一旦被传染除了等死别无选择。例如 14 世纪欧洲爆发的"黑死病"，在 3 年内横扫整个欧洲，并在 20 年间夺取 2500 万欧洲人的生命，消灭欧洲 30%~60% 的人口，其恶名昭彰，至今仍让人闻风丧胆。即使到了 19 世纪，当时最高明的医生依然不知道如何预防感染以避免组织坏死。在战场上，如果士兵的肢体受伤，军医最常用的办法就是立刻截肢，以免坏疽造成严重后果。当时截肢还没有麻醉剂可用，最早的麻醉药都要到 19 世纪中期之后才被研发出来，当时病人接受手术是一件极其痛苦的事情。

20 世纪之后，我们运用科学的理论与技术来应对疾病，然后人类在医学领域的进步就日新月异了。从那以后我们几乎能根治天花和小儿麻痹，我们能通过疫苗预防脑膜炎、麻疹和很多种类的流感。我们发明了抗生素以后，像鼠疫、霍乱等烈性传染病以及肺结核和肺炎这样致命性的疾病就已经不再那么可怕。我们发明了胰岛素来对付糖尿病，他汀类药物来对付心脏病，又发明了化疗来与各种癌症做斗争。我们通过公共教育来降低吸烟的人口。我们甚至研究出了很多方法来限制像艾滋病这样致命疾病的传播。医疗技术的进步正帮助人类摆脱各种疾病带来的痛苦，但是离疾病的根除还任重道远。

目前全球每年大概有 5000 万人因为各种原因死亡，绝大多数人都因为四种疾病过世：心脏病（1080 万，19.2%）、传染病（850 万，15.1%）、癌症（820 万，14.6%）、神经类疾病比如中风（680 万，12.1%）。在剩余的部分，有一半以上的人因为事故和受伤过世（580 万，10.3%）以及非疾病相关原因过世（310 万，5.5%）。通过对这些数据进行深入分析，找到导致死亡的具体原因，也有利于我们认识到为实现延长人类寿命的目标，该从哪里着手更容易取得效果。

随着近年来信息技术的高速发展，现在威胁人类的四大疾病，未来也可以运用现代化的工具来对付：人工智能软件可以用于大脑成像技术和对癌症基因组进行数据采集操作；一块芯片就可以诊断所有传染性疾病；不间断的血液监控可以先期诊断疾病；全细胞类型和状态图谱可以帮助设计应对任何疾病的药物。

纵观整个科技发展史，绝大多数与医疗健康相关的革命性突破都是源于我们发明了全新的工具，以此帮助人类以全新的方式观察和思考。显微镜让我们看到细胞和细菌，于是疟疾和肺炎就被人类所认知和治愈。DNA 的识别和编码让人类认知到自身的染色体，并帮助我们精确地治疗癌症以及基因疾病。新的工具也能颠覆人类治愈疾病的方式，疫苗就是最好的例子。着眼于工具，这为治愈、预防和控制所有疾病指了一条明路。如果我们能开发出用全新的视角观察所有疾病的新工具，我们就能更快地让全世界的科学家们在对付这些疾病上做出突破。而创新工具的研发往往需要一群科学家和工程师花费很长时间通力合作，但是我们已经找到了这种合作的方法，剩下来就是努力做出突破性的技术成果。

新材料将如何掀起技术革命

新材料一直以来都是科技行业发展突飞猛进的重要推动力，从泥瓦砖木，到铜铁铝钢，再到信息时代的半导体、碳纤维、石墨烯，伴随着文明和科技的进步，人类对材料开发利用的广度和深度逐步加大加深。人类祖先很早就学会利用天然石头制作石器工具，然后用火烧制陶器，用兽皮制作衣服，还学会用矿石炼制青铜及生铁等，所有这些劳动过程实际上也是人类对新材料的开发及利用的过程，并且伴随着人类数十万年来技术的进步。

现代意义上的新材料涵盖广阔，包括金属材料、无机非金属材料、有机高分子材料、先进复合材料等，种类繁多，划分标准也多种多样。但不管怎样，作为高新技术的基础和先导，新材料的研究代表着人类对物质的认知和应用在向更深层次进发。新材料的发展，在促进信息、能源、交通、生物等技术革命的同时，对制造业、化工、建筑以及个人生活方式都产生着重大影响。调查数据显示，近十年来世界材料产业的产值以每年约30%的速度增长，其中化工新材料、微电子、光电子、新能源成了研究最活跃、发展最快、最为投资者所看好的新材料领域，材料创新已成为推动人类文明进步的重要动力之一，也促进了技术的发展和产业的升级。因而，新材料也被称为"发明之母"和"产业粮食"。

尽管新材料是新技术的基础，并且在推动科技进步过程中发挥重大作用，但是新材料始终是一种中间产品，而真正改变世界的是建立在新材料基础上的最终产品。比如带来交通革命的是汽车，而不是轮胎，也不是制造轮胎的橡胶；带来信息革命的是计算机及互联网，而不是半导体材料及光纤；让人类翱翔蓝天的是飞机，而不是航空铝材。由于每一个时期新材料的种类繁多，因而很难衡量单一材料对人类发展的贡献。在人类的科技发展史上，每一次重大的技术变革几乎都体现在信息、交通、能源三大领域，很少体现到具体某种材料上，当然也有越来越多的新材料在改变人们的生活。实际上，新材料对人类发展的影响，最终会体现在终端产品上，众多新材料的开发及利用会通过提升终端产品的性能而推动社会的进步。比如汽车、飞机、计算机、手机等各时期的高科技产品，都包含大量的新材料技术，这些产品都曾经在相应领域掀起一场技术革命。

近半个世纪以来，半导体作为一种高科技材料被广泛应用于各种电子产品中，如计算机、移动电话、电视机、数码相机等，它是制造各种电子元器件的基础。现代电子计算机运行速度每隔18个月就提升一倍，最主要的原因就是计算机集成电路的性能得到快速提升。而集成电路的基础是晶体管，晶体管的制造则离不开半导体材料，因此半导体也是集成电路的基础。半导体之于集成电路，如同土地之于城市，有了土地才能建高楼大厦。常见的半导体材料有硅、锗、砷化镓（化合物），其中应用最广的、商用化最成功的就是硅材料。美国旧金山湾区南部最早是研究和生产以硅为基础的半导体芯片的地方，它是美国重要的电子工业基地，也是世界最为知名的电子工业集中地，是英特尔、英伟达、思科等科技巨头的总部所在地，因而被称之为"硅谷"。

相比电子管的笨重、能耗大、寿命短、噪声大、制造工艺复杂，以晶体硅半导体为原材料的晶体管克服了这些缺陷，它的问世被誉为20世纪最伟大的发明之一，也是微电子革命的先驱。目前集成电路晶体管普遍采用硅材料制造，但是芯片性能的提升会受到硅材料尺寸的限制，当硅芯片制造工艺接近硅晶体的理论极限数字7纳米，制造出的晶体管的稳定性将明显下降而且成本也直线上升。要想进一步突破现有芯片的性能极限，那么最佳的办法就是研发能替代晶体硅的新材料，而石墨烯材料被广泛认为具备这样的潜力。

石墨烯是目前世界上已知最薄、最坚硬的纳米材料，纳米级别的石墨烯具有出色的光、电、磁、热、力学等特性，被誉为"21世纪的神奇材料"，它的出现有可能掀起新一轮材料革命。

第十八章
科技创新的未来机会

罗马俱乐部的预言：增长的极限

自工业革命以来，人类社会发展及经济增长对化石能源的依赖越来越强，再加上人口的快速增长对粮食等资源的需求也明显增加，工业发展带来的环境污染及全球气候变暖等问题也越来越突出，因而人们开始担忧全球经济增长是否会出现极限，以及资源耗尽是否会带来人类生存危机。

第二次世界大战（以下简称二战）结束之后，人们就不断发出这样的警报，其中罗马俱乐部的预言最为典型。这是一家由来自全世界的科学家、政治家及商界领袖人物组成的研讨全球问题的民间智库机构。罗马俱乐部于 1972 年发表了一份曾经引起全球高度关注的研究报告《增长的极限》，该报告预言：经济增长不可能无限持续下去，石油等自然资源的供给是有限的，并且预言世界石油将在 20 世纪末耗尽。罗马俱乐部提出该预测的依据是：科技发展将呈线性增长，只有污染、人口和资源的使用会呈指数级增加，因此人类将面临生存危机！

事实上，在过去 40 年里，计算机的性能是呈现指数级增长，而人口增长甚至连线性增长都算不上。恰恰是该报告发布后不久，大规模集成电路开始进入商用，苹果、微软、甲骨文、CA 等科技公司纷纷创立加速了个人计算机时代的到来。新技术的产生，20 世纪末的人们已经可以开采更多的矿产，用更小的能耗创造更大的产出。人类进入到 21 世纪，不但石油资源没有耗尽，而且还因为页岩油的大规模开发使得人类对传统石油的依赖大幅下降，从目前看至少 50 年内人类无需为石油枯竭而担忧。目前食物产量已经是 20 世纪 70 年代的 3 倍，而人口增长仅翻了一番，粮食危机也没有加速到来。世界银行的研究也显示，全球人口可能将于 2050 年到达大约 97 亿人后就停止增长，人口问题讨论内容也将首次从"人口爆炸"风险转向人口下降关切。技术进步推动生产力增长速度非常之快，以至于全球人均 GDP 相比罗马俱乐部宣称石油将要耗尽的时间点已经翻了一番还多。

因为这个轻率而又影响广泛的预言，罗马俱乐部也常常被后人批评为极端的马尔萨斯主义。实际上，对于人口增长过快可能带来生存危机的担忧最早并非出自罗马俱乐部，而是 18 世纪英国人口学家马尔萨斯。1798 年剑桥大学经济学家兼人口学家马尔萨斯在其出版的著作《人口原理》中提出了著名的"人口论"。马尔萨斯认为：由于人口呈几何级数增长而粮食呈算术级数增长，饥荒、战争、瘟疫等将成为解决人口和粮食矛盾的方式，从而使人口增长与食物供应间达到平衡。很显然，历史的发展已经证明马尔萨斯的判断过于悲观，人类能够通过自身的努力找到解决粮食资源不足的办法，更无需通过饥荒、战争、瘟疫等残酷方式来调节全球人口数量。很显然，马尔萨斯最大的"失算"在于没能预见到技术进步对粮食增产的作用，经典例子就是二战之后的"绿色革命"。1961年印度的确已经滑到了饥荒边缘，但是"绿色革命"中培育的一种水稻品种让水稻产量提高了数倍，印度不但逃脱了饥荒，而且近50年来还增长了7亿人口。除了技术进步的因素，马尔萨斯也没有预见到贸易全球化对粮食供应的影响，还有人类生育意愿下降的出现，这些都大大缓解了近一个世纪以来人口与资源的矛盾。

实际上，人们对未来社会发展的判断最容易犯的一个错误就是忽略技术进步给社会带来的积极影响，比如一个世纪前英国伦敦的"马粪危机"就是一个典型案例。19世纪末的伦敦已经号称500万人口，是世界上人口最多的城市。英国作为最早开展工业革命的工业化国家，直到19世纪末伦敦市区的主要交通工具其实就是：马！整个伦敦的生活完全都依靠马来完成，所有货物运输进城要靠马拉，工人上下班要坐马车，当时伦敦的公交车是马拉，出租车是马拉，支持伦敦正常运转的是30万匹马。没有马，伦敦的生活会完全瘫痪。尽管早在1830年，英国就已经造出了全球第一条商用铁路，而且1863年建立了用蒸汽机车驱动的地铁，也是世界上第一条地铁。但是刚刚发展起来的蒸汽火车还代替不了马车的功能，特别是在伦敦这样的大城市，马车可以更灵活地在伦敦的大街小巷穿梭。马匹的使用让伦敦的交通效率提高不少，但是也带来了一个令人头痛的问题：马粪！一匹马平均每天要排泄大约 7~12 千克粪便，伦敦的 30 万匹马每天至少要排泄 3 千吨马粪！此外还有马尿，一匹马每天至少要排 1 升的尿，每天大约 30 万升的马尿撒在伦敦的街头上。不难想象，当年的伦敦街头到处是臭气冲天的马粪和马尿味，城市环境十分恶劣。

其实不仅是伦敦，当时西方国家的大城市，凡是人口聚居的大城市都被马粪问题困扰，当时全球主要大城市的人口分别是：纽约 150 万、德国柏林 150 万、巴黎大约 200 万，马粪马尿带来的污染让各国苦不堪言。到了 19 世纪末，各国终于忍不住了，于是 1898 年在纽约召开了一次以马粪为主题的国际会议，商讨如何解决"马粪危机"，但是最终专家们还是没有找到对策。不过，没过多久困扰人们的马粪问题自然消失了，原因就是 20 世纪初内燃机的应用推动了汽车的普及，在很短的时间内汽车代替了马匹的功能，大城市中的马匹很快也消失了。汽车的出现轻松化解了"马粪危机"，但是也带来了尾气污染和交通拥堵问题。按照历史发展规律，新的问题可能就需要依靠新的技术去解决，比如发展新能源汽车和无人驾驶汽车共享等。总之，技术的进步往往会解决一些当前看似无解的问题，只是人类往往容易低估了技术增长的潜力。

世界科学中心的转移：亚洲的机会

自古以来，科学技术就以一种不可逆转、不可抗拒的力量推动着人类社会向前发展。近现代史上的数次科技和产业革命，对全球格局和文明进步产生深刻影响。按照日本科学史家汤浅光朝 1962 年得出的研究结论,在一定的历史时期,某个国家的重大科学成就超过全世界科学成果总数的 1/4,则这个国家就成为这一时期的世界科学中心,并且世界科学中心每隔大约 80 年就会发生一次转移。根据统计,近代以来世界发生了 5 次科学中心的转移:第一个科学中心在意大利(1504 年~ 1610 年);第二个科学中心在英国(1660 年~ 1750 年);第三个科学中心在法国(1760 年~ 1840 年);第四个科学中心在德国(1875 年~ 1920 年);第五个科学中心在美国(1920 年至今)。总体上,近代科学开始于 14~16 世纪,意大利文艺复兴时期推动了近代科学的萌芽,并扩散到欧洲其他国家。第一次工业革命期间科学中心集中在英国、法国,第二次工业革命期间科学中心转移至德国、美国,第三次工业革命期间科学中心主要在美国、前苏联,但是日本也有后来居上的迹象。

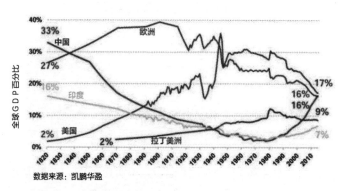

工业革命以来世界主要国家地区 GDP 百分比

在 20 世纪之前，世界科学中心主要在最先完成工业革命的欧洲，因为欧洲科学文化的萌芽得益于古希腊及古罗马时期传承下来的自然哲学思想，随后经过几个世纪众多欧洲科学家的积累发展成系统的自然科学体系，奠定了近代世界科学理论的基础。20 世纪之后，美国继承了英国科学的传统和德国科学的体制，打造了肥沃的科学土壤，培养了大量的本土科学家，如贝尔、爱迪生、特斯拉等，同时也以优厚待遇及思想自由和文化包容吸引了世界各地的科学精英，尤其是二战前后从德国移民美国的科学家更是数以万计，如爱因斯坦、费米、海森堡、冯·布劳恩、赫兹伯格等大批世界顶尖科学家，使得美国毫无悬念地成为世界新的科学中心，从而近 70% 的诺贝尔奖被美国科学家包揽。

众所周知，19 世纪末 20 世纪初，第二次工业革命的突破性创新如电学理论、电机制造技术及内燃机技术皆起源于欧洲的英国和德国，但是电力的大规模应用及汽车的批量生产及全球推广却是由美国完成，此后美国也成为第三次工业革命的世界科学中心。第三次工业革命的突破性技术成果比如电子计算机、原子能、航空航天和生物工程技术等主要发源于美国和前苏联，但是这些技术在 20 世纪 50 年代之后亚洲的很多国家和地区却取得了非常好的应用推广。比如日本在汽车、消费电子、生物医疗、化工等多个领域技术应用成果全球名列前茅，韩国在汽车、造船、半导体及数码产品等领域也是全球佼佼者，中国台湾的半导体工业更是傲视全球。进入 21 世纪之后，中国在互联网、通信、高铁、核电及航空航天等领域技术及应用也后来居上挤进世界前列，而这些恰恰又是 20 世纪 50 年代以来世界经济增长最快的经济体。

尽管在原创性技术创新、教育资源及科技人才等多方面目前亚洲国家依然无法与美国及英国、德国、法国等欧美老牌工业化国家相媲美，但是亚洲国家巨大的人口红利及更广阔的应用市场更有利于为技术创新提供庞大的市场需求，科技成果更容易转化为社会生产力，从而创造经济效益。市场需求的优势又反过来加速推动对外来技术的消化吸收，最终实现自主创新，这个过程与第二次工业革命期间美国的技术发展经历极为相似。当前，世界范围内正在孕育兴起新一轮科技革命和产业变革，全球科技创新呈现出新的发展态势和特征，以智能化为标志的第四次工业革命正加速到来，其影响广度与深度可能都远超出前三次工业革命，这是亚洲国家千载难逢的发展机遇，如何抢占当前创新浪潮制高点成为各国科技发展的重大课题。

21 世纪科技新亮点：中国力量

尽管技术的进步总会推动人类寻找到稀缺资源的替代品，生存危机并不会很快到来，但是一个国家经济增长主要依靠物质消耗、要素投入和低成本比较优势的发展模式显然难以持续，资源能源、生态环境都难以支撑传统模式的经济继续高增长，只有转变经济发展方式、调整经济结构才能实现可持续发展。与传统增长模式相比较，创新驱动型的经济增长是一种结构性的增长，它消除了经济发展中普遍存在的要素报酬递减、稀缺资源以及负外部性等制约因素，从而为经济持续稳定增长提供了可能。正因为这样，人们在总结前三次产业革命的经验时得出这样的结论：每一次产业革命都是由重大的科技进步和科技创新引起的，社会进步归根到底是基于科技创新的社会生产效率的提高。实际上，每一次信息技术、能源技术及交通技术的革新最终也推动社会效率的快速提升，从而实现社会财富的增长。

作为依靠低端制造业发展起来的工业大国，中国目前迫切需要把自主创新摆在更加突出的位置，大幅度提高科技进步对经济增长的贡献率，使自主创新成为经济社会发展的内在动力，而第四次工业革命的智能化浪潮有望成为经济增长的新引擎。当前"大众创业、万众创新"的双创战略目的是进一步激发来自民间资本和企业家的创新动能，释放社会自主创新活力，但是2016年民间投资增速快速下滑，甚至部分月份出现负增长，银行新增贷款大批量涌进房地产行业，持续高涨的房价已经对实体经济及科技创新产生明显挤出效应，这可能是中国未来数年科技创新最大的制度障碍，必须引起高度重视。

一个不重视教育的国家没有前途，因为认知能力无法持续提升；一个不重视科学的国家同样没有前途，因为技术进步无法惠及社会发展；一个被高房价捆绑的国家更加没有前途，因为房价扭曲了创新机制，并且阻碍了生产要素的自由流动。历史上有无数宫殿、庙宇、城堡以及城市被荒废或焚毁，只有科技文明及思想文化得以千百年传承发展，最终造福子孙后代。近代以来大部分的国家由弱变强主要依靠科技进步，比如美国、日本、韩国、以色列等，少数国家依靠自然资源与贸易比如沙特阿拉伯、加拿大、新加坡等，恰恰没有一个国家是依靠发展房地产成为了强国。高房价产生的"剪刀差"将社会人群劈成两半，有房者与无房者的财产性收入差距越来越大，创新创业活动所获回报远远比不上房地产投机所得，这将极大削弱社会的创新活力，打击了全社会的创新精神，从而可能让一个国家错失新一轮科技革命与产业变革的机会。

实际上，中国作为全球第二大经济体，拥有 13 亿人口所创造的巨大市场需求，技术创新成果更容易获得市场土壤，市场推广也更容易出现规模效应。只要做到中国第一，基本上也成了全球第一。目前中国拥有全球最大的互联网市场，网民人数超过 7 亿，全球十大互联网公司中国占四席（腾讯、阿里巴巴、百度、京东）；中国也是全球最大的汽车市场，机动车保有量达 2.79 亿辆，其中私人汽车 1.24 亿辆；中国已成为全球最大的新能源汽车市场，新能源汽车产销累计 49.7 万辆，预计 2020 年新能源汽车市场规模将达到 145 万辆。中国也是全球最大光伏发电国家，累计装机容量超过 4300 万千瓦，已经超越德国排名世界第一；中国也有全球最大的高铁市场，高铁运营里程达到 1.9 万公里，占世界高铁总里程的 60% 以上。也就是说，在第四次工业革命技术创新最集中的新一代信息技术、新能源及新交通领域，中国几乎都具备全球最大的市场空间，即使原创性技术与西方发达国家相比短期内有一定差距，但是创新性技术产品在中国具备大规模市场应用的优势，就如 19 世纪末 20 世纪初电力及汽车在美国获得大规模推广逻辑上是一样的。未来二十年全球比较确定的两大趋势分别是：智能化及消费升级。其中智能化是全球性趋势，这是技术发展的必然结果，而消费升级主要在中国，这是伴随着中国数亿中产阶级崛起而带来的市场机会。面对正在兴起的全球新一轮科技革命和产业变革，中国的机遇大于挑战，如何抓住时代机遇，实现创新飞跃，从而推动国家持续繁荣昌盛，这是每个中国人必须认真对待的问题。

参考文献

[1] 尤瓦尔·赫拉利. 人类简史：从动物到上帝 [M]. 林俊宏译. 北京：中信出版社，2014.

[2] 尤瓦尔·赫拉利. 未来简史：从智人到神人 [M]. 林俊宏译. 北京：中信出版社，2017.

[3] 大卫·克里斯蒂安. 极简人类史：从宇宙大爆炸到21世纪 [M]. 王睿译. 北京：中信出版社，2016.

[4] 斯塔夫里阿诺斯. 全球通史 [M]. 北京：北京大学出版社，2006.

[5] W.C. 丹皮尔. 科学史 [M]. 李珩，译. 北京：中国人民大学出版社，2010.

[6] 麦克·哈特. 影响人类历史进程的100名人排行榜 [M]. 赵梅等译. 海口：海南出版社，2014.

[7] 克劳斯·施瓦布. 第四次工业革命：转型的力量 [M]. 李菁译. 北京：中信出版社，2016.

[8] 杰里米·里夫金. 第三次工业革命：新经济模式如何改变世界 [M]. 张体伟译. 北京：中信出版社，2012.

[9] 凯文·凯利. 必然 [M]. 周峰等译. 北京：电子工业出版社，2015.

[10] 阿尔文·托夫勒. 未来的冲击 [M]. 蔡伸章译. 北京：中信出版社，2006.

[11] 阿尔文·托夫勒. 第三次浪潮 [M]. 黄明坚译. 北京：中信出版社，2006.

[12] 尼葛洛庞帝. 数字化生存 [M]. 胡泳译. 海口：海南出版社，1997.

[13] 雷·库兹韦尔. 奇点临近 [M]. 董振华等译. 北京：机械工业出版社，2011.

[14] 贾雷德·戴蒙德. 枪炮、病菌与钢铁：人类社会的命运 [M]. 谢延光译. 上海：上海世纪出版集团，2006.

[15] 斯蒂芬·赫克，马特·罗杰斯等. 资源革命：如何抓住一百年来最大的商机 [M]. 粟志敏，译. 杭州：浙江人民出版社，2015.

[16] 马歇尔·麦克卢汉. 理解媒介：论人的延伸 [M]. 何道宽译. 北京：商务印书馆，2000.

[17] 涂子沛. 大数据：正在到来的数据革命 [M]. 桂林：广西师范大学出版社，2012.

[18] 马化腾等. 互联网+：国家战略行动路线图 [M]. 北京：中信出版社，2015.

[19] 夏妍娜，赵胜. 中国制 2025：产业互联网开启新工业革命 [M]. 北京：机械工业出版社，2016.

[20] 张江健. 畅想云计算时代：中国 IT 产业未来十年前景观望. 投资界.

http://news.pedaily.cn/201212/20121228341150.shtml

[21] 张江健. 智能眼镜将人类带入崭新的视觉时代. 人民网.

http://it.people.com.cn/n/2015/0224/c1009-26590305.html

[22] 张江健. 人工智能首先是造福人类，威胁尚不足忧. 虎嗅网.

https://www.huxiu.com/article/108252.html

[23] 张江健. 行业大变革：正在下沉的 PC 互联网. 钛媒体.

http://www.tmtpost.com/131711.html

[24] 张江健. 石墨烯将掀起电子科技下一场革命. 百度百家.

http://zhangjiangjian.baijia.baidu.com/article/44039

[25] 张江健. 未来智能化趋势：屏幕无处不在. 百度百家.

http://zhangjiangjian.baijia.baidu.com/article/43713

[26] 张江健. 互联网汽车将是下一场大变革. 百度百家.

http://zhangjiangjian.baijia.baidu.com/article/28138

[27] 张江健. 虚拟现实真正的革命性在哪里. 百度百家.

http://zhangjiangjian.baijia.baidu.com/article/24217

[28] 高峰. 书中真有黄金屋. 甘肃日报社.

http://gsrb.gansudaily.com.cn/system/2013/06/03/014142855.shtml

[29] 高连奎. 德国为什么成为第二次工业革命的策源地. 新浪博客.

http://blog.sina.com.cn/s/blog_652813660101r51j.html

[30] 扎克伯格. 我要治愈世界上所有疾病. 凤凰网.

http://news.ifeng.com/a/20160922/50007395_0.shtml

[31] 凌光. 探秘马与人类的前世今生 "汗马功劳" 6000 年回顾. 新浪体育.

http://sports.sina.com.cn/o/e/2015-08-18/doc-ifxfxzzn7561077.shtml

[32] 科学人. "逆袭" 之路：家庭条件不足，认知能力来补. 果壳网.

http://www.guokr.com/article/439894/

[33] 谢熊猫君. 为什么最近有很多名人，比如比尔·盖茨、马斯克、霍金等，让人们警惕人工智能. 知乎网.

https://zhuanlan.zhihu.com/p/19950456

[34]george. 你所不知道的 "页岩气革命". 知乎网.

https://zhuanlan.zhihu.com/p/20256719

[35] 安信证券. VR 和 AR 将成下一代计算平台 可涉九大领域. 网易财经.

http://money.163.com/16/0122/11/BDUBM75200251LJU.html

[36]日本经济产业省. 日本拟向第四次产业革命转型 重点发展人工智能. 网易科技.

http://tech.163.com/16/0824/10/BV7S186B00097U80.html

[37] 邹力行. 德国工业 4.0 与中国制造 2025 比较. 新浪网.

http://finance.sina.com.cn/roll/20151026/035923574366.shtml

[38] 李佳佩.2016《财富》500 强出炉, 这些排名数据你真的都看懂了吗.网易财经.

http://money.163.com/16/0721/20/BSHAOMD100253B0H.html

[39] 王喜文.美国"信息高速公路"战略 20 年述评.中国经济网.

http://intl.ce.cn/specials/zxxx/201309/16/t20130916_1508249.shtml

[40] 国家铁路局.世界高速铁路发展历程.国家铁路局官方网站.

http://www.nra.gov.cn/zggstlzt/zggstl1/zggstlfzlc/

[41] 腾讯财经.这个日本人从世界首富沦落到负债千亿.腾讯网.

http://finance.qq.com/a/20160611/014774.htm

[42] 董玉芝.论科技新闻报道制约科学精神传播的瓶颈.豆丁网.

http://www.docin.com/p-806004627.html

[43] 阿俊的博客.英国的马粪危机.新浪博客.

http://blog.sina.com.cn/s/blog_5d17753e0101f7j9.html

[44] 金丞.提高科学素质免受"极端"影响.网易新闻.

http://news.163.com/15/0529/09/AQP9SV9T00014AED.html

[45] 初庆东.蒸汽机之父瓦特背后的男人.腾讯文化.

http://cul.qq.com/a/20150907/010952.htm

[46] 侯云龙.多国竞追 5G 战略制高点.中国网.

http://finance.china.com.cn/roll/20150410/3048924.shtml

[47] 苟仕金.医药生物技术产业发展的现状和展望.上海市经济和信息化委员会.

http://www.sheitc.gov.cn/gg/648477.htm

[48] 刘海英.材料创新是产业革命重要基石 引领变革重塑世界.人民网.

http://world.people.com.cn/n/2015/0508/c157278-26969118.html